中小企業の生産現場を記号とデータで考える

生産現場構築のための
生産管理と品質管理

木内 正光 著

日本規格協会

まえがき

"学問があれば…"，技術者で中小企業を営んでいた祖父の言葉である．本書のタイトルに"中小企業"と表記したのは，このような想いからである．大学で経営工学を専攻して学者となった筆者は，今でもこの言葉を考え続けている．

本書の強いこだわりは"生産現場"を思考の出発点としたことである．製造業における生産現場には，その企業のすべてが反映されていると考える．物の配置，張り紙の内容，人間の動きなど，そこには必ず理由がある．中小企業における生産現場については，その企業が置かれている企業環境が如実に反映される．納品や資材手配等，企業間でやり取りをする場面は数多くあるため，生産現場は関係している企業の影響を大きく受けることになる．したがって，生産現場を的確に把握することは，生産をどのように管理するかの本質にほかならない．

本書は中小企業の生産現場に携わるすべての方を対象としている．さらに，その対象はこれから生産現場について学ぶ方も含まれている．本書の展開は生産現場の構築から生産の管理へとつながっていく．現場と管理との関係について，現場の視点から描いている．この本を手に取った大学生の中でアルバイトをしている方は，是非アルバイトの現場を思い浮かべながら読み進めてほしい．きっと，その後のアルバイトでの仕事のとらえ方に変化が生まれるはずである．

末筆ながら，筆者にこのような執筆の機会を与えてくれた日本規格協会に心より御礼申し上げる次第である．特に，審査登録事業部の西村桂，出版事業部の山田雅之の両氏には，執筆の構想から最終確認までの間，本当に的確な助言をいただいた．この場を借りて御礼を申し上げる．

2015 年 2 月

木内　正光

目　次

まえがき

第1章　中小企業における生産現場の管理　　11

1.1　中小製造業が求められること　……………………………… 11
1.2　生産現場を基点とする理由　…………………………………… 13
1.3　標準という軸が生産現場と管理をつなぐ　……………………… 15
1.4　手法体系と本書の構成　………………………………………… 17
●コラム1　分析的アプローチと設計的アプローチ　…………………… 20

第2章　生産現場の生産性　　23

2.1　人の動きと生産性　…………………………………………… 24
　　2.1.1　対象の明確化　………………………………………… 25
　　2.1.2　人の動きの現状把握（サーブリッグ分析，人・機械分析）……… 29
2.2　物の流れと生産性　…………………………………………… 39
　　2.2.1　対象の明確化　………………………………………… 39
　　2.2.2　物の流れの現状把握（製品工程分析，運搬工程分析）………… 40
2.3　生産方式と生産性　…………………………………………… 48
　　2.3.1　対象製品　……………………………………………… 49
　　2.3.2　ライン生産方式　……………………………………… 49

2.3.3　一人生産方式 …………………………………………… 51
　　2.3.4　資材供給 ………………………………………………… 52
2.4　まとめ（第3章へ） ………………………………………………… 55
●コラム2　IE と ABC/ABM ……………………………………………… 56

第3章　生産現場の品質　　59

3.1　対象の明確化 ………………………………………………………… 62
3.2　不適合品の現状把握（チェックシート，パレート図） ………… 63
　　3.2.1　チェックシート ………………………………………… 63
　　3.2.2　パレート図 ……………………………………………… 65
3.3　工程の状態の把握（ヒストグラム，管理図） …………………… 68
　　3.3.1　品質管理における統計学の基礎 ……………………… 68
　　3.3.2　分布による工程状態の把握（ヒストグラム） ……… 74
　　3.3.3　時系列による工程状態の把握（解析用管理図，管理用管理図） …… 80
　　3.3.4　数値による工程状態の把握 …………………………… 89
3.4　原因調査（特性要因図，実験計画法） …………………………… 95
　　3.4.1　特性要因図 ……………………………………………… 95
　　3.4.2　実験計画法 ……………………………………………… 97
3.5　まとめ（第4章へ） ………………………………………………… 107
●コラム3　工程図と特性要因図 ………………………………………… 110

第4章　生産現場と生産管理の接点　　113

4.1　標準時間の構成 ……………………………………………………… 113
4.2　正味時間の求め方 …………………………………………………… 114

4.2.1　対象作業の分割 ································· 116
　　　4.2.2　観測の実施 ····································· 116
　　　4.2.3　集　　計 ······································· 118
　　　4.2.4　レイティングの考慮 ····························· 120
　4.3　余裕時間の求め方 ······································ 122
　　　4.3.1　観測項目の決定（予備調査） ····················· 125
　　　4.3.2　観測の実施 ····································· 126
　　　4.3.3　集　　計 ······································· 128
　4.4　標準時間の設定 ·· 131
　4.5　まとめ（第5章へ） ···································· 134
　●コラム4　標準時間と標準原価計算 ························· 137

第5章　生産管理の機能　　　139

　5.1　生産管理の基本機能 ···································· 140
　5.2　生産計画 ·· 142
　　　5.2.1　工数計画 ······································· 144
　　　5.2.2　日程計画 ······································· 147
　　　5.2.3　バッファーの組入れ ····························· 148
　　　5.2.4　生産計画と標準時間 ····························· 148
　5.3　生産統制 ·· 149
　5.4　MRPシステム ··· 150
　　　5.4.1　独立需要と従属需要の概念 ······················· 152
　　　5.4.2　資材所要量展開 ································· 153
　　　5.4.3　タイムバケットの概念 ··························· 155
　5.5　まとめ ·· 156
　●コラム5　経営の中での生産管理の役割 ····················· 158

第6章 生産現場の設計・設計品質の設定　　161

 6.1　SLPによる生産現場の設計 ……………………………………… 162

  6.1.1　P-Q分析 ……………………………………………… 164

  6.1.2　アクティビティ相互関係図 ………………………… 165

  6.1.3　アクティビティ相互関係ダイヤグラム …………… 166

  6.1.4　スペース相互関係ダイヤグラム …………………… 167

  6.1.5　レイアウト決定 ……………………………………… 168

 6.2　QFDによる設計品質の設定 ……………………………………… 169

  6.2.1　要求品質の抽出 ……………………………………… 171

  6.2.2　品質表の作成 ………………………………………… 173

  6.2.3　品質機能展開構想図 ………………………………… 176

 6.3　まとめ ……………………………………………………………… 178

 ●コラム6　原価企画の考え方 ……………………………………… 180

付　　録

 付表1. 標準正規分布表 ……………………………………………… 183

 付表2. F表（5％，1％） …………………………………………… 184

 付表3. F表（2.5％） ……………………………………………… 185

 付表4. F表（0.5％） ……………………………………………… 186

引用・参考文献 ……………………………… 187

索　　引 ……………………………………… 193

著者略歴 ……………………………………… 202

補足事項　目　次

補足事項 1：サーブリッグ分析手順　　　　33
補足事項 2：人・機械分析手順　　　　37
補足事項 3：製品工程分析手順　　　　44
補足事項 4：運搬工程分析手順　　　　47
補足事項 5：パレート図作成手順　　　　66
補足事項 6：基本統計量計算手順　　　　73
補足事項 7：ヒストグラム作成手順　　　　77
補足事項 8：解析用管理図作成手順　　　　86
補足事項 9：工程能力指数計算手順　　　　90
補足事項 10：不適合品発生確率計算手順　　　　93
補足事項 11：特性要因図作成手順　　　　96
補足事項 12：実験計画法手順　　　　103
補足事項 13：ストップウォッチ法手順　　　　120
補足事項 14：余裕率の計算手順　　　　124
補足事項 15：瞬間観測法手順　　　　131

第1章　中小企業における生産現場の管理

　現在，情報通信技術の急速な進歩は，世界中の人々を急速に結び付け，新たな社会的変革をもたらしている．一個人の有する情報量はかつてなく大量であり，価値観が多様化し，さまざまなライフスタイルを生み出している．そしてその影響から人びとの求める製品も多様化している．

　このような状況の中，製造業はかつてない多くの課題を抱えることになる．上述の情報通信技術の発達によって市場の変化のスピードは急激に早まり，新製品開発競争を余儀なくされた．製造業は短い期間で，新しい製品を市場に投入しなければならなくなった．一方，製品の品質保証の面においては，一企業における社会的責任の大きさは増し，永続的な保証を要求されている．さらにこのような事態は一国におけるものではなく，グローバルという環境下にある．一企業の戦略においても，もはや"グローバル生産"というのは当然のごとく取りうる選択肢となり，聞き慣れた言葉となりつつある．

　以上のような社会的変化において，日本の中小（中小規模）企業はどのように対応していけばよいのであろうか．

1.1　中小製造業が求められること

　"日本の企業の99%が中小企業"，メディア等において，これはよく耳にする言葉である．それではその中小企業が求められていることや期待されていることは一体何であろうか．グローバルということから考えると，海外進出なのであろうか．当然のことながら，そのような方向性も検討を要するときがくるであろう．

　それでは仮に海外進出を果たせたとして，その後は何が求められるのであろ

うか．海外進出する理由の一つに，人件費を意識する場合があるが，これについてはいずれ高騰を迎えることとなる．間違いなくいえることは，日本にいるときと同様，顧客の QCD（Quality：品質，Cost：原価，Delivery：納期）を満足する製品の生産であろう．すなわち"品質の良い製品を安く早く"である．

　ここで原価に関しては，上述の人件費についても含まれてしまうが，本書においては，継続的な生産性と品質の改善によって得られる結果的なものとしてとらえている（図 1.1 参照）．したがって，本書における基本的事項は，Q と D の追求に絞っている．海外進出を行ったとしても，生産を行う場所が異なるだけで，中小企業に求められていることは，今も昔も変化がないと考える．ただし，求められる水準については，上述の社会的変化の影響で要求が厳しい．中小企業はこれまで以上に企業努力を持続的に行い，QCD の追求を絶えず行わなければならないということである．

　それでは顧客の QCD を満足する製品の生産には何が必要か．本書ではその答えとして"生産現場と管理の連動性の強化"としている（図 1.2 参照）．生産現場において持続的な改善活動を通して生産性及び品質を向上させる．これについては真新しいことは特に何もない．製造業は物を造る場所である生産現場のパフォーマンスが企業の業績を大きく左右することになる．生産現場の強さは，日本の製造業の強さの源泉となっていることは，いまさら述べるまでもない．本書で取り上げているのは，さらに連動性を強化するということである．すなわち，生産現場の改善の効果を迅速に管理に取り込み，顧客の要求に対応

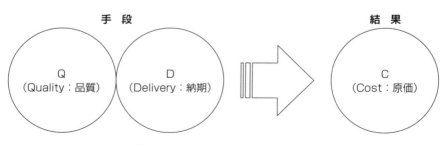

図 1.1　本書で考える QCD の関係

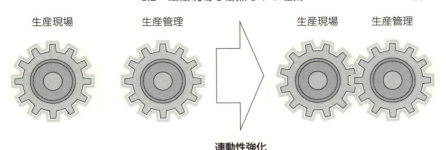

図 1.2 生産現場と生産管理の連動性強化

していくことである．

具体的には，生産現場領域における"現状把握 → 改善 → 標準化"という流れを，生産管理領域における計画に反映させ"計画 → 実施 → 統制"という運営の流れと連動させることである．本書ではこれらの流れの連動に向けて，生産現場に対する現状把握の方法（第 2 章，第 3 章），標準化の方法（第 4 章），生産現場を管理する概念（第 5 章）について解説している．

1.2 生産現場を基点とする理由

それでは上述の連動性強化に向けて，具体的にどのようなことをしなければならないのか．何から取り組まなければならないのか．本書ではそのためのアプローチとして"徹底した生産現場の現状把握"を出発点とし，ここに一つのこだわりをもっている（図 1.3 参照）．

はじめになぜ生産現場からなのかというと，上述のとおり製造業の使命は物を造ることである．したがって，どのようなすばらしい情報システムを導入したとしても，実際に顧客に渡るのは物である．すばらしい情報システムの評価は実際の物の流れに現れるはずである．その物の流れに直接的に関与しているのは紛れもなく生産現場である．そのため，生産現場はその企業におけるすべてを映し出す鏡となると考える．生産現場に目を向けることは，企業の現実と

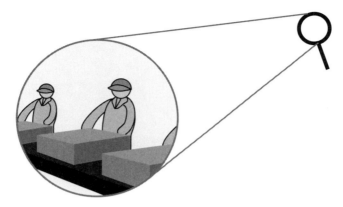

図 1.3 徹底した生産現場の現状把握

向き合うことと同意と考えている．

　次になぜ現状把握が大切なのか．この言葉にはいくつか含みをもたせている．まず言葉どおりにとらえると，現状の生産現場をよく理解しようということとなる．では，生産現場の理解とは一体どのようなことであろうか．本書では，この理解を"理由（原因）を知ること"と考えている．現状の生産現場がなぜそのような状態になっているかを知ることである．例えば，生産現場を見渡して仕掛品が山積みされているとしよう．すると"仕掛品が少ないほうがリードタイムは短くなる""在庫管理が効率的になる""資金の回転率が向上する"，そのような効果を解説し，仕掛品を少なくしようということを述べることは，だれもがうなずけるし，納得もするであろう．あるいは，ほぼ例外なく，現場監督者及び関係者においても，生産現場に仕掛品が少ない状態が望ましいということは理解しているであろう．

　問題はそこではなく"なぜそのような状態なのか"という理由を"考える"ことにある．その理由について考えることによって，はじめて企業内外のさまざまなことが見えてくる．例えば，突発的な注文が入った際，管理で作成した計画は崩れ，結局生産現場で何とかしなければならないからなどである．徹底的に生産現場の現状を把握し，その理由を考えることにより，生産現場を通し

て，自社の置かれた環境，自社に根付いた文化を認識する．そしてそのような認識を通して，はじめて自社のあるべき生産現場の創造が可能となる．

　以上のことより，本書では現状の理由を考えることを含めて"現状把握"と称している．

　次になぜ"改善"と称しなかったであるが，本書では手法を用いて現状を的確に把握する方法を解説している．どのような手法であっても，手法自体のもっているポテンシャルは"把握"までと考える．これらの手法は，現状に対して記号やデータを用いて"ムリ・ムダ・ムラ"を示したり，異常を発見してくれたりはするが，それらは把握であり改善は行ってくれない[*1]．改善はそれまでの仕事のやり方を変更するものであるため，実際の実施については企業内外の要因も考慮しなければならない．例えば，作業の際の動き，作業台の調整等，すぐに改善が可能な部分もあるであろうが，職場レイアウトの変更，固有技術の開発が伴う場合など，費用的に改善の実施については未知数となる場合もある．

　以上のことより，本書では現状把握と改善を分けて考えてすぐに実行可能な現状把握という表現にとどめている．

1.3　標準という軸が生産現場と管理をつなぐ

　それでは"徹底した生産現場の現状把握"がどのように展開され，どこにつながっていくのか．前節で述べたように，生産現場に対する的確な現状把握を行う．次にしっかりとした現状把握の末，あるべき姿を考え，改善可能なものに関しては改善を施していく．そして改善後，それらを標準として制定し，それを遵守する活動に移行する．最後に標準をもとに実際の作業を行い，実績と

[*1] 日本規格協会に組織された"VCP-Net（Wisdom Network of Practical Knowledge for Value Creation Process：価値創生プロセス実践知開発ネットワーク）研究会"において，製造業における各種手法の機能を整理したが，手法の多くは"現状を把握する"という機能であった．

標準との違いを検討する．これが，生産現場における標準の活用の仕方である．

一方，生産現場で設定される標準は，生産管理領域でも活用される．生産管理における標準の活用の仕方は，顧客の納期を遵守するための正確なリードタイムの見積もりである．その基準となるのが生産現場で設定された標準である．生産現場で設定された標準をもとにリードタイムを見積もり，顧客の納期を設定し，納期を守れるように生産の計画を立て，計画が実施できるように統制を行う．そして計画時と実績時とを比較し，その違いを検討し，次回の計画に活用していく．つまり，生産現場と生産管理との連動性は，顧客の納期に直結することとなる．その連動性を高める軸となるのが，生産現場で設定された標準ということとなる（図1.4参照）．

以上のことより，生産現場の現状把握は，改善，標準化を経て，顧客の納期

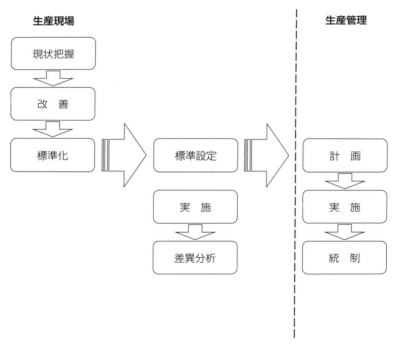

図1.4　連動性を高める軸（標準）

に影響を及ぼすこととなる．すなわち，中小企業に要求される顧客の納期への柔軟な対応につながることがわかる．

1.4 手法体系と本書の構成

　本書は，生産現場の現状把握に対して，IE（Industrial Engineering：経営工学，以下"IE"という）手法[*2]とQC（Quality Control：品質管理，以下"QC"という）手法[*3]を活用している（図1.5参照）．IE手法は生産性向上を目的として用いられ，対象を記号化することにより現状を把握する．QC手法は品質向上を目的として用いられ，対象をデータ化することにより現状を把握する．

　第2章では，IE手法において適正な作業の方法を追求する"方法研究"の手法，第3章では，QC手法において品質を工程で造りこむ"統計的品質管理"の手法を用いる．第2章，第3章より，生産性と品質を考慮した標準作業が設定される．この部分が本書の土台となる．図1.6は第2章で扱う方法研究と第3章で扱う統計的品質管理の関係であり，方法研究は作業の方法等動的な現状把握に用い，統計的品質管理は生産された物等静的な現状把握となる．

[*2] JIS Z 8141：2001［(生産管理用語)，以下"JIS生産管理用語"という］では，経営工学とは"経営目的を定め，それを実現するために，環境（社会環境及び自然環境）との調和を図りながら，人，物（機械・設備，原材料，補助材料及びエネルギー），金及び情報を最適に設計し，運用し，統制する工学的な技術・技法の体系．"（用語番号：1103）と定義され，その備考には"時間研究，動作研究など伝統的なIE技法に始まり，生産の自動化，コンピュータ支援化，情報ネットワーク化の中で，制御，情報処理，ネットワークなどさまざまな工学的手法が取り入れられ，その体系自身が経営体とともに進化している．"と記されている．本書におけるIE手法とは，この伝統的なIE技法のことである．

[*3] JIS Z 8101：1981［(品質管理用語)，1999年廃止］では，品質管理とは"買手の要求に合った品質の品物又はサービスを経済的に作り出すための手段の体系．"と定義されている．さらに『生産管理用語辞典』（日本経営工学会編，2002年，日本規格協会）によると"品質を達成するための経営活動全般をさす場合は"Quality Management"があてられ"Quality Control"の訳語としての品質管理は品質を達成するための実施技法を指し，狭い意味で用いられる．"と記されている．本書におけるQC手法とは，この実施技法のことである．

18　　　　　　　第 1 章　中小企業における生産現場の管理

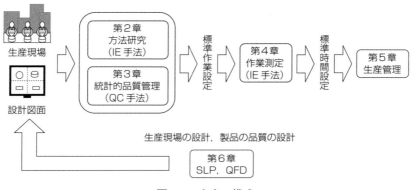

図 1.5　本書の構成

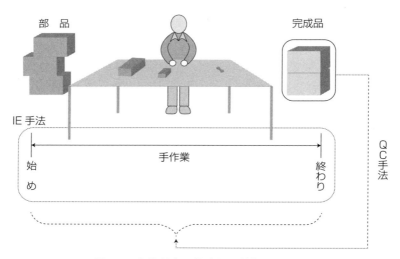

図 1.6　方法研究と統計的品質管理の関係

　第 4 章では IE 手法において作業を時間に変換する"作業測定"の手法を用いる．これにより"作業＝時間"となり，標準時間が設定される．第 5 章は，第 4 章で設定した標準時間を，生産管理業務で活用する．これは生産管理又は工程管理という領域に相当する．第 6 章については，第 2 章～第 5 章で前提となっている生産現場がなく，設計図面が示されていない場合におい

て，生産現場設計，設計品質設定について述べる．生産現場を設計する方法としてSLP (Systematic Layout Planning：体系的レイアウト計画法，以下"SLP"という)，設計品質を設定する方法としてQFD (Quality Function Deployment：品質機能展開，以下"QFD"という) について述べる．

　なお，本書で用いる各種手法においては，本文の流れとは別に手法の適用手順及び補足により解説することとした．実際に手法を読者諸氏の生産現場に適用する際には，あわせて一読されたい．

● コラム1　分析的アプローチと設計的アプローチ

　本書における基本的な考え方は，生産現場に対して現状把握を徹底的に行うというものである．現状を出発点として，生産現場に対して記号及びデータを用いて分析を行って改善を重ねていく．このようなアプローチを分析的アプローチ又は帰納的アプローチという．これに対して，目の前の現状を出発点とするのではなく，理想的な現場とは何か，本来の姿はどのようにあるべきか，というように思考するアプローチを設計的アプローチ又は演繹的アプローチという．

　ワーク・デザインの考え方を提唱したナドラーは，著書の中で上述の二つの考え方で生成されるシステムを図1.7のように示している．三角形の底辺がコスト（費用）を示しており，理想システムを出発点する場合と現状システムを出発点とする場合の生じるコストの差を明確に表している．すなわち，現状から改善を重ねてシステムを設計する場合と，理想を考えてシステムを設計する場合では，完成するシステムが異なることを示している．

　本書では，第6章で生産現場を設計するSLPについて述べるが，まず理想的な状態を描き，続いて現実的な制約を組み入れながらレイアウトを設計していく手順は，ナドラーの提唱する考え方に通じる部分があると考える．

● コラム1　分析的アプローチと設計的アプローチ

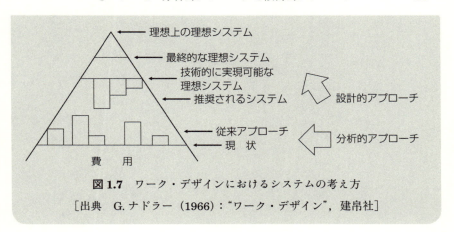

図1.7　ワーク・デザインにおけるシステムの考え方

［出典　G. ナドラー（1966）："ワーク・デザイン"，建帛社］

第 2 章　生産現場の生産性

　本章では現状の生産現場で行われている生産方法の把握について述べる．はじめに把握するための視点について述べる．的確に現状を把握するために大切なことは"何を対象に見るか"を意識することである．本章では生産現場に対して"人""物""作り方"という視点を取り上げる．

　まず，人と物について説明する．人とは，生産現場で仕事をしている人間に焦点を当てることである．人がどのように製品に変化を与えているか，どのように動作をしているかを見る．物とは，生産現場で生産される製品に焦点を当てることである．物がどのように変化を受けているか，どのように流れているかを見る．例えば，人の視点では，人が物を運ぶ，物の視点では，物が人に運ばれる，となる．別の言い方として，人を主体として生産現場を見ると"作業"，物を主体として生産現場を見ると"工程"という表現となる．一般的な語感を通しての印象としては"作業"というと人が介在するという印象があり"工程"というと機械を含む設備という印象が強いと考える（図 2.1 参照）[*4]．

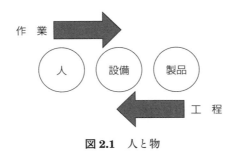

図 2.1　人と物

[*4] 新郷重夫氏の著書［『トヨタ生産方式の IE 的考察』（1980, 日刊工業新聞社）ほか］において，工程と作業の見方について同様のことが述べられている．

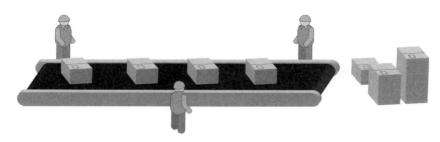

図 2.2　作り方

次に作り方であるが，企業がどのように製品を生産しているかという視点である．これは物理的に見る領域という意味では職場全体となり，上述の二つの視点とは抽象度が異なる．別の言い方として，製品を生産する方法を表す"生産方式"となる．現状の生産方式を把握することにより，生産方式を通して職場全体の特徴を的確に把握することが可能となる．具体的にはどのような長所を生かし，どのような短所を割り切っているかである．また，資材の供給やレイアウトも生産方式によって決まってくるので，現状を把握するうえで欠かせない視点となる（図 2.2 参照）．なお，学術的な用語の意味としては，生産方式はその企業の生産形態を示す一つの見方であり，連続生産，ロット生産（断続生産），個別生産となるが，本書ではより広い意味として扱い，企業が製品を製造するために採用している方式という観点で述べる．

2.1　人の動きと生産性

本節では人に焦点を当て生産性について考え，さらに現状の作業の把握方法について述べる．はじめに具体的な想定であるが，ある 1 人の作業者がある仕事をしているとする．仕事には始めと終わりがあり，繰り返しがある．通常，どのような仕事であっても，時間の長さに違いこそあれ，繰り返しが行われている（図 2.3 参照）．これは開発や設計業務であっても同様である[*5]．

作業のやり方により生産性は変化するのか．これについては変化すると回答

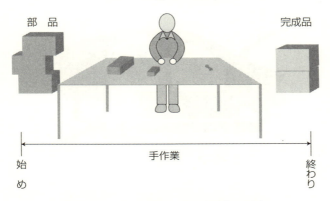

図 2.3 "2.1 人の動きと生産性"の対象

される読者が多いであろう．生産性を単位時間当たりの生産数ととらえれば，ある1人の作業者がある製品を1時間に10個製造することより，1時間に20個製造することのほうが望ましく，これを生産性が高いと表現する．

それでは生産性を向上させるためにどのようなことをすればよいだろうか．それは現状を把握し，作業から"ムリ・ムダ・ムラ"を取り除くことである．これが一般的な作業改善の一つの目的でもある．ここでは具体的な現状の作業の把握方法について解説する．

2.1.1 対象の明確化

人の作業を把握する場合，本章の冒頭に述べたとおり，人を中心に見ることになる（図2.4参照）．このような表現にこだわるのは，作業を把握する際，最も大切な点は"何を中心に見るか"ということにあるからである．

現状の作業を把握するといっても，把握の方法は多岐にわたる．例えば，部品等の置き場の把握であったり，作業のやりやすさの把握であったり，作業の手順の把握であったりとする．その際，特に注意したいのが何を中心に見るか

[*5] 圓川隆夫・安達俊行両氏の著書［『製品開発論』（1999, 日科技連出版社）］において，開発業務のルーチンワークについて述べられている．

第2章 生産現場の生産性

図 2.4 人を中心に見る

ということである．したがって，本章の冒頭に言葉を含めて何を中心に生産現場を見るのかを述べた．人を中心として見る場合は，文字どおり人の動きに焦点を定めることとなる．ただこれについても，ただ人を眺めていただけでは，何をそこから見出せばよいか皆目見当がつかない．よく言葉で適正な動きにしましょう，といっても何が適正で何が適正ではないのかの線引きが難しい[*6]．

それではどのような心構えで人の作業を見ればよいか．これは一言で"人の動きが大きいかどうかを見る"となる．あたりまえの話であるが，動きが大きければ大きいほど作業には時間がかかる．動きが大きければ大きいほど不安定になり，動きの"ばらつき"が大きくなる．したがって，改善を考えるのであれば，人の動きを小さくすればよいこととなる．

これは少し乱暴な表現ではあるが，具体的に例をあげて考えてみたい．袋詰めの作業を考える．ある製品を袋に入れ，次に使用説明書を入れる．この作業に必要な物は，製品，使用説明書，袋である．例えば，袋を取って，製品を入

[*6] 線引きや改善の指針として"動作経済の原則"や"ECRSの原則"がある．JIS生産管理用語では，動作経済の原則とは"作業者が作業を行うとき，最も合理的に作業を行うために適用される経験則．"（用語番号：5207）と定義され，備考として"a) 身体の使用に関する原則，b) 作業場の配置に関する原則，c) 設備・工具の設計に関する原則に大別される．"と記されている．同様に，ECRSの原則とは"工程，作業，動作を対象とした分析に対する改善の指針として用いられる．E（Eliminate：なくせないか），C（Combine：一緒にできないか），R（Rearrange：順序の変更はできないか），S（Simplify：単純化できないか）による問いかけ．"（用語番号：5305）と定義されている

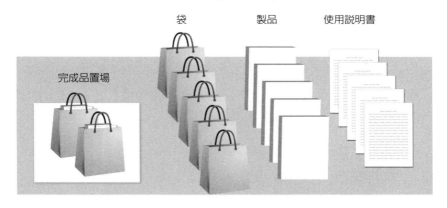

袋　　　　製品　　　使用説明書

完成品置場

図 2.5　現状の作業環境

れ，使用説明書を入れるという作業を行うとする（図 2.5 参照）．この状態から人の動きを小さくするためにはどうしたらよいか．手の移動距離を小さくしようとすれば，配置換えをし，左に袋，前に説明書，右に製品とする方法がある（図 2.6 参照）．これにより，手の移動距離が縮み，動きが小さくなる．そして作業スペースを的確に確保したことで手が袋に当たる可能性もなく，動きのばらつきが小さくなることが考えられる．

　さて，とてもシンプルであるが，このような改善に至ったポイントはどこであろうか．例えば，人を中心と考えず，作業環境を起点に考えた場合はどうであったであろうか．その場合，製品等の完成品置場の位置の問題ということもできる．つまり，完成品置場を図 2.6 のように変更することにより，作業改善に至ったということである．一見，どちらも同様に見えるこのことが，実はこれは大きな視点の違いといえる．前者は作業者の動きを小さくするために，結果的に作業の配置が変更され，後者は配置を変更し結果的に作業者の動きが小さくなったと考える．まず作業という人を主体と考えた場合は，ぶれることな

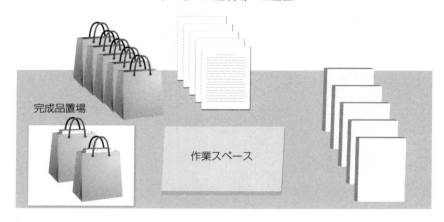

図 2.6　改善後の作業環境

く"人の動きを小さく"を念頭に置いて作業を見る．周囲の作業環境はあくまで"環境"であり，主役は人間であることを常に意識することにより，多くの改善案が創発されると考える．

　ここまでは仕事の主体を人としてきたが，機械の場合はどうであろうか（図2.7参照）．ここで仕事の主体とは，製品の生産に直接的に影響を及ぼすものであり，上述の袋詰めにおいては人が主体であった．すなわち，人が作業を行うことで製品が完成する．一方，図 2.7 の作業においては，人は間接的に生産にかかわっており，機械が直接的に生産にかかわっている．この場合を仕事の主体は機械と称する．すなわち，人の作業をいくら改善しても，製品の生産に対する影響力は機械のほうが遥かに大きい．この場合は，機械を中心に見ていくことが生産性向上につながることになる．

　主体が機械の場合についても，人の場合と考え方は同様である．すなわち，"機械の動きを小さく"という見方である．ただし，機械の場合は機械の設計

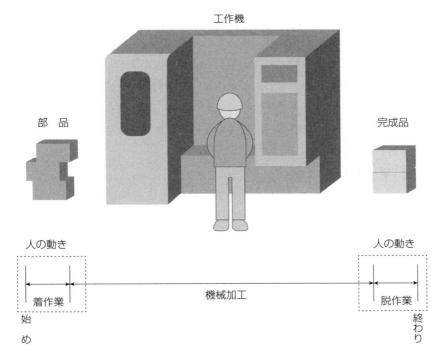

図 2.7　主体が機械の場合

時におおむね決定されてしまうので，設計時にこの点を考慮しておくことが必要である．また機械については，設計後については制御可能な要因に対する水準決定により，生産性が決まってくる．この場合は，品質についても考慮し，機械の生産条件を決めていくことになる．これについては第3章で述べる．

2.1.2　人の動きの現状把握（サーブリッグ分析，人・機械分析）

前項にて，現状の作業に対する見方を確認した．このような視点をもつだけで，従来とは異なった発想やスムーズに改善までの道筋を考えることができる．ここではさらに手法を通して，現状の作業を把握する．IE手法は作業に対して記号を用いて"ムリ・ムダ・ムラ"を発見する手法である．具体的には

対象に対して記号を使って表現することにより，現状の作業方法への理解を深める．すなわち，記号に変換する際，この現象はこの記号で適切かと自問自答することになるため，現状の作業の細かな認識を促進することとなる．さらに記号で表現した結果，おのおのの記号の意味を解釈し，現状の作業方法の適切性を考えることができる．ここでは前項の作業の一部を対象に，人間の動きを記号化するサーブリッグ分析[*7]，人間と機械の動きの組合せを図表化する人・機械分析[*8]を解説する．

（1） サーブリッグ分析

サーブリッグ分析とは，人間の基本的な動作を18の動作に分類したものである（表2.1参照）．18の動作は，大きく三つに分類され，第一類を作業に必要な動作，第二類を第一類の動作を遅らせる動作，第三類を作業に不必要な動作としている．

例えば"ボールペンをとる"という動作について考える．表2.2は，この一連の動作に対して，サーブリッグ記号を用いて表したものである．同表より，"ボールペンに手を伸ばす""ボールペンをつかむ""ボールペンを運ぶ""ボールペンを置く"という（ボールペンに対して）"四つの動作から構成されていることがわかる．この四つの動作はすべて第一類の動作である．

"ボールペンをとる"という動作を行うことが少し困難な状況を想定する．例えば，ボールペンがどこにあるかわからない場合，"探す""見出す"が発生する．この動作が第一類の動作を遅らせる第二類の動作である．さらにこれらの動作を片方の手で行い，もう片方の手はノートを持っている状態をすれば，ノートを持っている手は"ボールペンをとる"の動作をしている間，"ノートを保持する"となる．この動作は第三類となる．

対象動作に対するサーブリッグ記号の表現後は，第二類，第三類の動作の排

[*7] 20世紀初めにF.B. and L.M.ギルブレスによって開発された手法である．
[*8] 連合作業分析の一種である．JIS生産管理用語では，連合作業分析とは"人と機械，2人以上の人が協同して作業を行うとき，その協同作業の効率を高める分析手法."（用語番号：5213）と定義されている．

2.1 人の動きと生産性

表 2.1 サーブリッグ記号

分類	名　称	記号	意　　味
第一類	① 空手（手を伸ばす）	⌣	身体部位をある位置からある位置へ移動させる動作
	② つかむ	∩	対象物を身体部位で制御する動作
	③ 運　ぶ	⌒	対象物を身体部位により移動させる動作
	④ 組　立	⊓	対象物を重ねたり挿入したりする動作
	⑤ 分　解	⊢⊣	対象物を取り外したり抜いたりする動作
	⑥ 使　う	∪	身体部位を使って，工具や機械などを使う動作
	⑦ 手を放す	⌒	対象物を身体部位の制御から解除する動作
	⑧ 調べる	()	対象物を測定し，判断する動作
第二類	⑨ 位置を正す	9	身体部位を使って対象物を定められた状態にする動作
	⑩ 探　す	👁	対象物がどこにあるかわからないときに発生する動作
	⑪ 見出す	👁	"探す"直後に発生する動作 ※探し終わった後は見出していると考えることができるので，サーブリッグに含めない場合もある．
	⑫ 選　ぶ	→	いくつかある対象物から目的物を選ぶ動作
	⑬ 考える	♀	何かを計画し，理解するための心理的な動作 ※明確にわかるときのみ該当
	⑭ 用　意	8	次の動作のため，対象物の位置を調整する動作
第三類	⑮ 保　持	⌓	対象物を身体部位で支える動作
	⑯ 避け得ない遅れ	∧	作業者に責任のない遅れ
	⑰ 避け得る遅れ	⌐○	作業者の責任による遅れ
	⑱ 休　む	⌓	作業による疲労回復の動作

表 2.2 サーブリッグ分析

左　　手		目	右　　手	
内　　容	記号	記号	記号	内　　容
ボールペンに手を伸ばす	⌣	◉	∩	ノートを保持する
ボールペンをつかむ	∩		∩	ノートを保持する
ボールペンを運ぶ	⌣		∩	ノートを保持する
ボールペンを置く	⌢		∩	ノートを保持する

除が基本となるので，これらの動作が発生しないよう作業環境を改善していくことになる．

　表2.3は，前項の図2.6(28ページ)の作業環境において作業を行った際の，サーブリッグ分析の結果である．はじめに第三類の動作に着目する．上述のようにこの動作分類は作業に不必要な動作であるため，排除が望ましい．したがって，排除できるように改善案を考えていく．ここでは左手の保持，右手の手待ちが第三類の動作として表れている．改善案としては，例えば，左手の保持については袋を保持していることから，手の代わりに治具等で固定させ，両手を自由にすることが考えられる．次に，第二類の動作に着目する．この動作分類は第一類の動作を遅くするので，可能な限りになくす改善案を考える．ここでは左手の袋の端をつかむ際，袋の端を確認する動作が発生している．改善案としては，袋の端を確認しないでもつかめるようにガイドのついた袋置きを用いるなどが考えられる．

　以上のことより，サーブリッグ分析によって現状作業の理解及び無用な動作等，改善の着眼点をつかむことができる．現状の作業方法にとっては，最終的に第一類のみの動作で構成されていることが望ましいという結果となる．注意点としては，具体的な距離等の表現はないので，分析者は必ず現状を見ることが大切である．また，第一類のみで作業が行われていたとしても，その作業の

2.1 人の動きと生産性

表 2.3 袋詰め作業に対するサーブリッグ分析結果

左　　手		目	右　　手	
内　　容	記号	記号	記号	内　　容
袋に手を伸ばす	⌣		⌣	製品に手を伸ばす
袋の端をつかむ	∩		∩	製品をつかむ
袋を作業スペースに運ぶ	⌒		⌒	製品を袋に運ぶ
袋を開いたまま保持する	∩		⊙	製品を袋に入れる
袋を開いたまま保持する	∩		⌣	取扱説明書に手を伸ばす
袋を開いたまま保持する	∩		∩	取扱説明書をつかむ
袋を開いたまま保持する	∩		⌒	取扱説明書を運ぶ
袋を開いたまま保持する	∩		⊙	取扱説明書を袋に入れる
袋を完成品置き場に運ぶ	⌒		⋀	手待ち
袋を完成品置き場に置く	⊙		⋀	手待ち

方法自体が適切かどうかを問う必要がある．第一類というのは，人間の動作が作業遂行に必要な動作ということであって，作業の方法自体が製品の生産にとって適切であるかどうかとは別だからである．

【補足事項1：サーブリッグ分析手順】
①　対象作業者の選定
②　現状の作業方法を把握
　　※作業の繰り返しを意識して，詳細に把握する．
③　作業者の動きをサーブリッグ記号に変換（表2.4参照）
　　※対象作業において，はじめに作業内容を左手，右手，目について記

述する．両手の動作が同時に発生しているか，左右の手で時間差があるかは，実際に分析者が模擬的に作業を実施しながら考える．位置を正す，見出すなど，第二類の動きは第一類の前に現れるが，わずかな時間であるので注意する必要がある．これについては動作を記号にした後，第一類の前に第二類が発生しているかどうかを考察してもよい．

表 2.4　サーブリッグ記号への変換例

左　　手		目	右　　手	
内　容	記号	記号	記号	内　容
袋に手を伸ばす	⌒		⌒	製品に手を伸ばす
袋の端をつかむ	∩		∩	製品をつかむ
袋を作業スペースに運ぶ	⍉		⍉	製品を袋に運ぶ

④　記号より，現状の方法の考察

(2)　人・機械分析

前項でも少し触れたが，仕事の主体が機械であり，人がその補助をする作業がある．この場合"(1) サーブリッグ分析"の手法の影響力は作業全体の一部となる（図 2.7 参照，29 ページ，主体が機械の場合）．例えば，マシニングセンターを用いた機械加工はその典型としてあげられるが，人が機械に対して加工対象

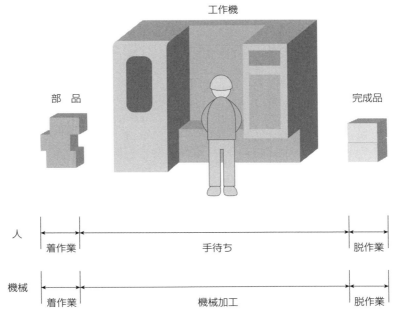

図 2.8 主体が機械の場合における人と機械の関係

品を取り付け（着作業），スイッチを押して自動加工が開始される．その後，加工は機械が行うため，人は作業に携わることができず手待ちとなる．加工終了後，加工された製品を取り外し（脱作業），新たな加工対象品を取り付け（着作業），スイッチを押して機械加工が開始される（図 2.8 参照）．

以上のような人と機械が連合(協同)して作業を行う作業サイクルの場合は，その組合せを考える必要がある．人・機械分析は，人と機械の連合作業の効率を高める手法である[8]．

人・機械分析は，はじめに 1 サイクルの作業について人と機械の作業内容を別べつに記録する．人と機械の作業が同時に開始又は終了する部分に着目し，作業時間を記録し，人・機械分析図表（表 2.5 参照）にまとめる．作成した表を見ながら，人の動きについては"(1) サーブリッグ分析"の手法等で改善を考え，機械の動きについては品質との関連（第 3 章参照）を考えながら改善

表2.5 人・機械分析図表（現状）

時間（分）	作業者	機械
4.0	脱作業	脱作業
3.5	手待ち	機械加工
3.0	手待ち	機械加工
2.5	手待ち	機械加工
2.0	加工対象品運搬	機械加工
1.5	加工対象品運搬	機械加工
1.0	製品運搬	機械加工
0.5	製品検査	機械加工
0.0	着作業	着作業

を考え，機械稼働中の人の動きについては，手作業や他の機械操作等，再編成を考える．これによって1人の作業者における最適受持ち台数も決定できる．また，一般的に機械において，品種を入れ替えるときには段取作業が発生する[*9]．段取作業は，生産数に関係なく品種を変更する際は必ず発生する．段取作業を改善することは，品種の切替え時間を短くすることにつながるため，多くの品種を扱う工場では多大な効果を発揮する．段取作業は機械を止めて準備を行う内段取と，機械を止めずに行う外段取から構成される．段取作業改善の基本的な考え方は，仕事の主体が機械であることから，なるべく機械を止めないという外段取化となる．また，両方とも人の動きが伴うため，"(1) サーブリッグ分析"の見方は効果的である．

表2.5は，図2.8を対象とした人・機械分析図表である．同表より，作業者と機械は，4分というサイクルを繰り返していることがわかる．そして作業者に手待ち（1.5分）が発生していること，機械には着脱待ちが発生していないことがわかる．改善の方向性としては，上述のとおり，着脱作業，検査など，人の動きに基づく作業に対してサーブリッグ分析等を行い，作業時間を短くすることが可能かどうかの検討や，人の手待ち時間（1.5分）の有効活用がある．

[*9] JIS生産管理用語では，段取とは"作業開始前の材料，機械，治工具，図面などの準備及び試し加工."（用語番号：5107）と定義さている．

2.1 人の動きと生産性

表 2.6 人・機械分析図表（2 台持ち）

時間（分）	作業者	機械 A	機械 B
8	脱作業（A）	脱作業	機械加工
7	製品検査（B）	機械加工	
	着作業（B）		着作業
6	脱作業（B）		脱作業
	加工対象品運搬		機械加工
5	製品運搬		
	製品検査（A）		
4	着作業（A）	着作業	
	脱作業（A）	脱作業	
3	製品検査（B）	機械加工	
	着作業（B）		着作業
2	脱作業（B）		脱作業
	加工対象品運搬		機械加工
1	製品運搬		
	製品検査（A）		
	着作業（A）	着作業	

　表 2.6 は，人の手待ち時間を有効活用するため，受持ち台数を 2 台にしたときのものである．これを実現するためには，製品運搬及び加工対象品運搬を機械 A と機械 B の加工が終了した際に，二つずつ加工対象品及び製品を運搬することが前提となるが，これにより 1.5 分の手待ち時間の間に，機械 B の着脱作業と製品検査を行うことができ，機械の着脱作業待ちを発生させることなく，2 台の機械を受け持つことが可能となる．人・機械分析では，このような連合（協同）の可能性を考えるためのものである．

【補足事項 2：人・機械分析手順】
① 対象作業者及び機械の選定
② 現状の作業方法を把握

※人と機械が独立して作業を行っている独立作業と，人と機械がともに作業に携わっている協同作業を中心に把握する．特に，人と機械の作業の開始及び終了時を意識し，1サイクルの作業を的確に把握する．

③ 作業者及び機械の作業時間を測定（表2.7，表2.8参照）

※時間研究（第4章）におけるストップウォッチ法などを用いて，作業の時間値を測定する．上述の②と同様，独立作業と協同作業に注意する．

表2.7　人の各作業と時間値

作業項目	時間（分）
着作業	0.5
製品検査	0.5
製品運搬	0.5
加工対象品運搬	0.5
手待ち（機械加工待ち）	1.5
脱作業	0.5

表2.8　機械の各作業と時間値

作業項目	時間（分）
着作業	0.5
機械加工	3.0
脱作業	0.5

④　人・機械図の作成

※人と機械の1サイクル分の作業を図に示す．各作業時間を的確に記載し，独立及び協同作業について把握する．

⑤ 図 2.9 より，現状の作業及び作業編成の考察

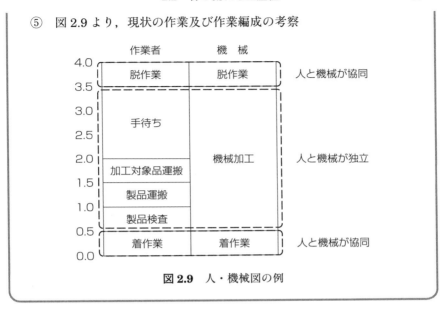

図 2.9 人・機械図の例

2.2 物の流れと生産性

前節では，人という視点から，人の動きに基づいて作業改善を考えた．ここでは，視点を作業の対象となる物とする．作業という視点一つでは，製品完成までを追うことはできない．人から人へ物が流れることにより，複数の工程，複数の職場，複数の工場，複数の企業を通じて製品は完成していく（図 2.10 参照）．ここでは，素材の投入から製品の完成までを，物を対象として見ていく．製品を中心に見ることにより，工場に物が投入されてから出ていくまでの全体の流れを見ることができる．

2.2.1 対象の明確化

2.1.1 項と同様，はじめに対象を明確にする．ここでの対象は物である（図 2.11 参照）．物を中心に物がどのような変化を受けているか，運ばれているか，止まっているかを見る．この物の流れを明確にすることにより，流れを作り出

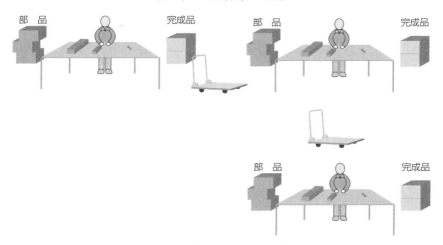

図 2.10 "2.2 物の流れと生産性"の対象

図 2.11 物を中心に見る

している環境に改善の矛先を向けていくことが可能となる．具体的な表現として，物を主体としてみていくので，人や機械に"切削される""組み付けられる""計測される""運ばれる"など，受動態となる．物が受けるさまざまな変化を物の目線でとらえていく．

2.2.2 物の流れの現状把握（製品工程分析，運搬工程分析）

本項では製品が素材から完成に至るまでの物の流れを記号化する手法を解説

する．物の流れに対して，記号化を行い"ムリ・ムダ・ムラ"を顕在化させる．ここでは，製品工程分析を運搬工程分析について解説する．

(1) 製品工程分析

　素材から製品完成までのプロセスを記号化する手法として，製品工程分析がある．これは製品完成までのプロセスの変化を，図2.12の記号と補助記号で表現する．同図より，加工マークは製品の変化を表しているため，付加価値を施しているとも考えることができる．しかしながら，運搬，停滞，検査については，製品自体の変化は全くないことがわかる．したがって，基本的には加工マーク以外は生産側の都合により行われていることとなる．

　2.1.2項で述べたように，IE手法の目的は，現状の生産現場に対して記号化を通して理解を促進することにある．製品工程分析は対象が製品であるため，製品の受ける変化を記号化することになる．例えば，製品が止まっている現象を見て"▽"を付ければよいのかどうかなど，記号化により現状の判断を迫られることになる．これは製品が何秒止まったら貯蔵というような決まりがないためであるが，ある程度の自由度の中で記号化を図ることにより，現場を改めて考える機会につながる．例えば，ある製品を機械加工する場合，言葉を通した印象からすると，単に加工記号"○"が頭に浮かぶが，実際の生産現場を目にすると，加工前の加工待ち，運搬前の運搬待ち，さらにロット単位で動くときはロット内のすべての加工が終わらないと次工程に進めないため，ロット加工待ちが発生する（図2.13参照）．また，複数の人で分析を行う際は，あらかじめ現象と用いる記号との統一を図ることも大切である．ここでは2.1.1項の製品の完成までの流れに対して製品工程分析を用いることとする．

　図2.14（44ページ参照）は，製品工程分析の結果である．部品A及び部品Bは加工され，一時貯蔵され，それから組立が行われ製品が完成する．そして袋に製品と説明書を入れ，最終検査が行われる．2.1.1項の対象は袋詰めの工程であった（図2.5, 27ページ参照）．理想的な状態は，可能であれば加工記号"○"以外はなくしたい記号となる．運搬，停滞，貯蔵，検査の記号は，価値を生んでいないからである（図2.12参照）．すなわち，理想は"○"だけで構成され

要素工程	記号の名称	記号	意　味	備　考
加工	加工	○	原料，材料，部品又は製品の形状，性質に変化を与える過程を表す	—
運搬	運搬	○	原料，材料，部品又は製品の位置に変化を与える過程を表す	運搬記号の直径は，加工記号の直径の1/2〜1/3とする．記号○の代わりに記号⇨を用いてもよい．ただし，この記号は運搬の方向を意味しない．
停滞	貯蔵	▽	原料，材料，部品又は製品を計画により貯えている過程を表す	—
停滞	滞留	D	原料，材料，部品又は製品が計画に反して滞っている状態を表す	—
検査	数量検査	□	原料，材料，部品又は製品の量又は個数を測って，その結果を基準と比較して差異を知る過程を表す	—
検査	品質検査	◇	原料，材料，部品又は製品の品質特性を試験し，その結果を基準と比較してロットの合格，不合格又は個品の良，不良を判定する過程を表す	—

記号の名称	記号	意　味	備　考
流れ線	│	要素工程の順序関係を示す	順序関係がわかりにくいときは，流れ線の端部又は中間部に矢印を描いてその方向を明示する．流れ線の交差部分は⌒で表す
区分	〰	工程系列における管理上の区分を表す	—
省略	＝	工程系列の一部の省略を表す	—

図 2.12　工程図記号及び補助記号[*10]

[*10] 原料，材料，部品又は製品に対して変化を与える過程を工程，その過程を構成するものを要素工程，複数の工程が技術的な順序関係に従って連結されて構成されたものを工程系列と表している．

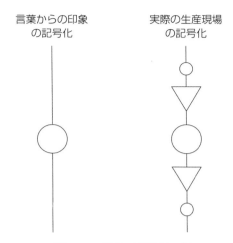

図 2.13 製品工程分析の例

る図となる．しかしながら，現実的には工場及び職場のさまざまな条件(敷地，生産形態，レイアウト，企業間関係等) で貯蔵記号"▽"や運搬記号"○"が存在する．管理部門においては，頭には理想的な図を描いていても，現実は異なる．特に"▽"や滞留記号"D"マークの多さが目に付くかもしれない．このような理想と現実の差異に気が付くことも，製品工程分析の大きな成果といえる．本事例では，部品 A と部品 B の一時的な貯蔵及びそれに起因する運搬，袋詰め前の滞留の原因を調査するなどが考えられる．

　製品工程分析は時間軸という意味では，上から下へ目線を移していくと製品が完成することとなる．ただ，実際には製品完成からさかのぼることにより，後工程の制約を的確につかむことができる．例えば，最終的な製品出荷の際の荷姿を見ることにより，出荷先の企業からの条件を把握することができる．さらにその荷姿にするために前工程ではどのようなことをしているか，というように後工程から前工程に追っていくことは大切な視点となる．品質に関する標語として"後工程はお客様"といわれるが，製品工程分析においても後工程の影響力は大きい．

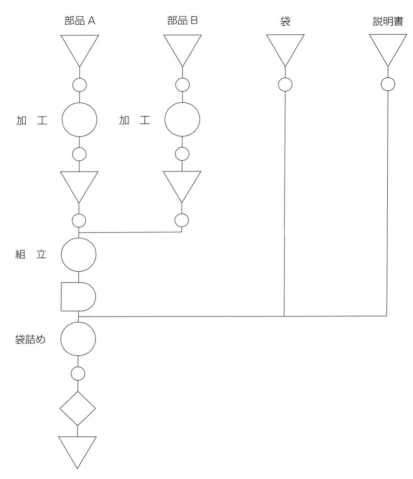

図 2.14 製品工程分析の結果の例

【補足事項3:製品工程分析手順】

① 対象製品の選定
② 現状の物の流れを把握

　※物の目線で,どのような変化を受けているかを見ていく.ここでは,本文中に示したように,最終工程から把握する方法を想定する.し

たがって，対象製品の最終的な荷姿より，前工程にさかのぼって把握する．

③　物の流れを工程図記号に変換（図 2.15 参照）

※②と同様，最終的な出荷の荷姿からさかのぼって記号化していく．

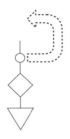

図 2.15　物の流れを工程図記号に変換

④　記号より，現状の物の流れを考察

(2)　運搬工程分析

"(1) 製品工程分析"において，運搬記号"〇"は価値を生んでいないと述べたが，現実的には多くの運搬が存在する．運搬は第 3 章で述べる品質との関係性（製品の外観）も高いため，工場内の全体的な運搬を理解しておくことは大切である．ここでは工場内にどのような運搬が存在し，それらを記号化する手法を解説する．製品が素材から完成を迎えるまでには，素材倉庫から出発し，工場内での種々の加工により製品化，製品倉庫での保管，少し思い浮かべただけでも多くの物の移動を要することになる．これらの移動は製品工程分析においては"〇"で表される．

しかしながら工場において物の動きの詳細を追うと，先に述べた物の移動以外にも運搬が存在する．例えば，図 2.16 において加工に焦点を当てた場合，加工（加工記号"〇"）の領域内でも小さな運搬は行われる．これを物の取扱いという．具体的には，加工対象品を機械に取り付けるときと加工後に機械から取り外すときに発生する．したがって，運搬とは"A 地点から B 地点への

46　　　　　　　第 2 章　生産現場の生産性

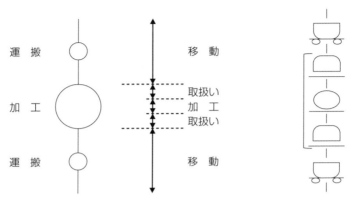

図 2.16　加工と運搬の関係

	記号	名称	説明
基本記号	⌒	移動	物の位置の変化
	⌓	取扱い	物の支持法の変化
	○	加工	物の形状の変化と検査
	▽	停滞	物に対して変化が起こらない

	記号	区分	状態
台記号	───	ばら置き	床，台などにばらに置かれた状態
	⌴	箱入り	コンテナ又は束などにまとめられた状態
	┬┬	枕つき	パレット又はスキットで起こされた状態
	○ ○	車上	車に載せられた状態
	⬭	移動中	コンベヤやシュートで動かされている状態

品物を箱に入れておく　▽

品物を車で移動する　⌒○○

※台記号は基本記号の下につける

図 2.17　運搬工程分析記号

2.2 物の流れと生産性

移動という比較的目に付きやすい物の移動"（顕在的運搬）と"加工，検査等の枠組みの中で発生する物の取扱い"（潜在的運搬）という二つの意味合いがあることがわかる（図 2.16 参照）．潜在的運搬は後述の稼働分析においては，付随作業や作業余裕となって表れる[*11]．

運搬工程分析は，運搬を"移動"と"取扱い"という二つの記号に分ける（図 2.17 参照）．さらに両方の運搬とも，物の置かれ方により運搬のしやすさが変わってくるため，物の置かれ方を台記号によって表現している．物の運搬は工場において，倉庫と職場，職場と職場，作業と作業等，ある種の"つなぎの役"を果たすと考える．すなわち，つなぎ目の部分を台記号で表すことは，前後の工程の作業のしやすさを把握することとなる．台記号で示された物の置かれている状態を向上させることにより，一つの運搬作業の改善の方向性が見えくる．

運搬の分析としては，その他，物の運搬時の高さを顕在化させる"運搬高さ分析"があり，キズ等の品質との関係を考える際には有効である[*12]．

【補足事項 4：運搬工程分析手順】

① 対象製品の選定

② 現状の物の流れを把握

※製品工程分析と同様，物の目線でどのような変化を受けているかを見ていくが，ここではさらに工程間のつなぎ目に着目し，移動と取扱いの違いに注意する．

③ 物の流れを運搬工程図記号に変換

※まず製品工程分析を行い，工程図記号に変換する．次に，運搬記号を見て，移動と取扱いに分類し，さらに各工程図記号の下に台記号を付加し，取扱いやすさを表現する．取扱いという観点では，台記

[*11] 米国機械学会においては，2 歩以内を作業という見方があることから，この潜在的運搬は作業の領域に含まれることになる．

[*12] 運搬高さ分析とは，作業対象となる高さを調査して作業のしやすいように改善を行うことをいう．

号の一番上のばら置きが最も取り扱いにくく，下にいくほど取り扱いやすくなる．

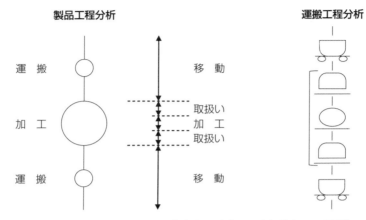

図 2.18 物の流れを運搬工程記号に変換した例（図 2.16 再掲）

④ 記号より，現状の物の運搬について考察

2.3 生産方式と生産性

2.1 節で作業という見方から人の動きの把握について述べ，2.2 節で工程という見方から物の流れの把握について述べた．ここでは，工場全体が製品をどのように生産しているかという見方を取り上げる．すなわち，一つひとつの作業，一つひとつの工程ではなく，職場全体でどのように製品を生産しているのかという点である．ただし，これには対象が広域になるため，各種各様の見方及び用語が存在している．

本節では二つの対極的な生産方式を取り上げ，それぞれの特徴について述べる．生産方式については，各企業の置かれている状況により，一長一短がある．すなわち，生産方式自体に優劣はない．対象企業の特徴（生産する製品，工場の大きさ，納品先との関係等）と生産方式の特徴が適合するかどうかの問題である．第 1 章でも述べたが，大切なことは，現状の生産のやり方を把握し，

理由を考えることである．すなわち，なぜそのような生産方式をとっているかである．これを理解することにより，現状の生産体制が何を生かして，何を捨てているかがわかる．そして，どのように状況が変化したら，生産方式を変更すればよいかも考えることができる．

2.3.1 対象製品

2.1 節，2.2 節と同様，対象製品を想定して進めていきたい．図 2.19 は，本節で対象とする製品である．対象製品は鞄であり，持ち手，上ポケット，下ポケットを付けて完成するものとする．この製品をある職場で製造することとし，職場には A さん，B さん，C さんの 3 名の作業者がいるとする．このとき，生産方式によってどのような違いがあるかを考える．

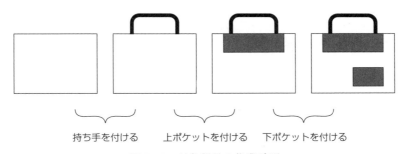

図 2.19 対象製品の作業手順

2.3.2 ライン生産方式

JIS 生産管理用語では，ライン生産方式とは"生産ライン上の各作業ステーションに作業を割り付けておき，品物がラインを移動するにつれて加工が進んでいく方式．"（用語番号：3404）と定義されている．この方式は流れ作業とも呼ばれ，一般的に作業というとこの方式をイメージされる読者も少なくないと考える．本節の想定製品を例にとると，図 2.20 のようになる．3 名の作業者に対して，A さんに持ち手を付ける作業，B さんに上ポケットを付ける作業，C さんに下ポケットを付ける作業を割り付けている．具体的な作業の流れとし

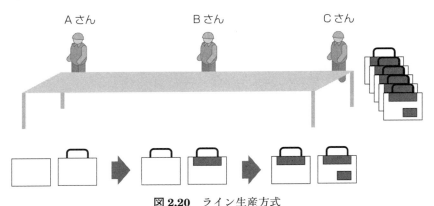

図 2.20 ライン生産方式

ては，A さんが持ち手を付けて B さんに渡し，B さんが上ポケットを付けて C さんに渡し，C さんが下ポケットをつけて鞄が完成する．ここで，ライン生産を行う場合の基礎知識を解説する．

ライン生産を行う場合は，A さん，B さん，C さんに対して同じ作業時間となるように作業を割り振ることが大切である．これを"ラインバランシング"という[*13]．例えば，各作業が 160 秒の場合（A さん：160 秒，B さん：160 秒，C さん：160 秒），この職場から完成する鞄の時間間隔は 160 秒間隔となる（サイクルタイム）．すなわち，1 時間に 22.5 個の鞄が生産される．ここで，A さん：150 秒，B さん：180 秒，C さん：150 秒とすると，この職場から完成する鞄の時間間隔は，180 秒間隔となり，1 時間に 20 個の鞄の生産となり，上述の例より生産性が落ちる．A さんからは 150 秒間隔で持ち手が付いた鞄ができあがるが，その鞄に対して B さんはすぐに着手できない．B さんが上ポケットを付けるのには 180 秒要するからである．すなわち，A さんと B さんの間に仕掛品が多数積まれることになる．また，C さんについては，150 秒で下ポケットが付け終わるが，C さんに持ち手及び上ポケット付き鞄が到着する間隔は 180 秒間隔である．すなわち，毎回の作業を 150 秒で終えて 30 秒待つ

[*13] JIS 生産管理用語では，ラインバランシングとは "生産ラインの各作業ステーションに割り付ける仕事量を均等化する方法．"（用語番号：3403）と定義されている．

ということになる．

　以上のことから，ライン生産を用いる場合，ラインバランシングを考えることが大切であり，負荷の高い箇所（例：Bさん）が職場のパフォーマンスの上限となることがわかる．なお，負荷の高い部分のことを"ボトルネック"という[*14]．

　さてこの方式の特徴を考える．作業分割しているため，一つひとつの作業が短くなり，作業者がすぐに作業に慣れることが想像できる．このようなことを習熟と呼ぶ．JIS生産管理用語では"同じ作業を何回も繰り返すことによって，作業に対する慣れ，動作や作業方法の改善によって次第に作業時間が減少していく現象．"（用語番号：5510）と定義されている．また，作業者はそれぞれ鞄を完成させるための一部の作業を担っているため，他者の作業スピードを意識し合い，ある程度作業スピードを安定させることができる．ただし，これは作業スピードが遅い作業者に関しては引き上げ効果が期待できるが，反対に作業スピードが速い作業者に関しては引き下げとなりうる．すなわち，個人差が出にくくなるといえる．動作という観点で着目すると，鞄がAさんからBさん，BさんからCさんに渡るため，取置きの動作が発生することになる．この取置きの動作は，渡すことが目的となるため，製品の生産からはムダ動作となる．

2.3.3　一人生産方式

　JIS生産管理用語では，一人生産方式とは"一人の作業者が通常静止した状態の品物に対して作業を行う方式．"（用語番号：3405）と定義されている．この方式はライン生産方式とは対極に位置付けられる．すなわち，本節の対象製品を例にとると図2.21のようになる．3名の作業者に対して，それぞれが鞄の完成までの，持ち手を付け，上ポケットを付け，下ポケットを付ける作業をすべて行う．

[*14]　ゴールドラッド博士のTOC（Theory Of Constraints：制約条件の理論）理論でも大きく取り上げられている．

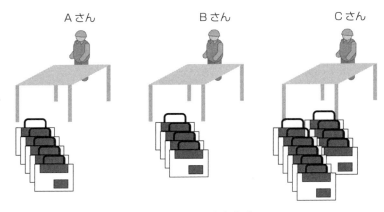

図 2.21 一人生産方式

この方式の特徴を考える．一人生産方式の特徴は，ライン生産方式の裏返しとなるが，まず作業が分割されていないため，渡すという作業が発生しない．すなわち，取置きというムダな動作がないことになる．また，一人ひとりに独立に全作業を割り当てているため，各作業者が他の作業者の作業スピードを意識することがなく作業を行うことができる．したがって，作業スピードについて個人差が出やすくなるといえる．また，作業の習熟という観点に関しては，全作業が対象となるため，時間を要するといえる．

2.3.4 資材供給

2.3.2 項と 2.3.3 項より，各生産方式の特徴は表裏となっていることがわかる．ここでは考える領域を広げ，資材供給についても考察する．物づくりは，生産する場所にのみ焦点が当たりやすいが，生産を行うためには資材供給についても考える必要がある．したがって，生産方式を決定する際は，あらゆる角度から考えることが必要である．

はじめにライン生産方式の供給について考える．各作業者に必要な資材はすべて異なっている（図 2.22 参照）．ライン生産方式は職場で生産すべき製品の作業について，分割をして各作業者に割り振るため，各作業者が行う作業が異

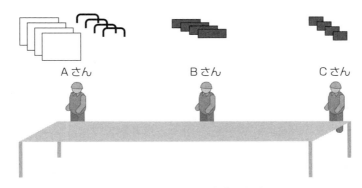

図 2.22 ライン生産方式の供給

なる．したがって，必要な資材についても異なることが多い．本事例においては，Aさんが必要な資材は鞄本体と持ち手，Bさんは上ポケット，Cさんは下ポケットとなる．ここで供給の仕方について，例えば，Bさんに対しては，上ポケットを鞄の生産数分供給することになる．このとき供給方法は，上ポケットを企業から購入する場合は，上ポケットのみ生産予定数量納入し，Bさんに供給することになる．したがって，購入したらそのまま供給ができる可能性ある．これはAさん，Cさんについても同様である．

次に一人生産方式の供給について考える．図2.23より，各作業者に対して，鞄本体，持ち手，上ポケット，下ポケットが必要なことがわかる．一人生産方式は，職場において各作業者が独立して全作業を行うため，各作業者に対して一式資材が必要となる．ここで，もし上述のライン生産方式のBさんに対する説明のように，上ポケットを協力企業から受け入れている場合，受け入れた上ポケットを各作業者に対して，分けるという作業が発生する．したがって，購入した上ポケットを，Aさん用，Bさん用，Cさん用に分けなければならない．鞄本体，持ち手，下ポケットについても同様である．

以上のように，生産方式を決定する際は，生産する場所のみに目を向けるのではなく，供給についても考慮する必要がある．今回取り上げた二つの生産方式においては，生産だけをみれば作業時間は取置きがない分，一人生産方式が

有利となるが，供給までも含めて分配時間を考慮すると，どちらがよいかは不明である．これには生産する製品，工場内の敷地面積，資材の供給方法にもかかわってくる．すなわち，現在の生産方式が決定された背景には，工場内外のさまざまな要因（生産している製品，工場の大きさ，設備，納期等）の考慮がなされている．なお，2.1.1項（25ページ）における袋詰め作業において，本節による生産方式の違いを考えるとすると，図2.24のようになる．

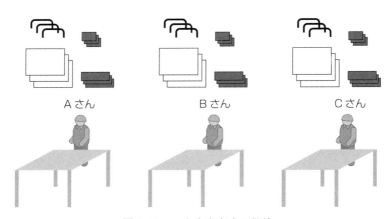

図 2.23　一人生産方式の供給

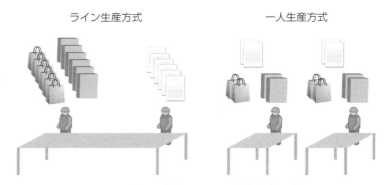

図 2.24　袋詰め作業における生産方式の違い

2.4 まとめ（第3章へ）

　本章では三つの視点から生産現場の現状把握の方法を解説した．人の動きについては，動きを小さくということを意識して現状の作業を見ることにより，多くの気付きが得られると考えられる．また，サーブリッグ分析を通して動作を記号に変換することにより，ただ見ただけでは気付くことができない部分まで考えることができる．さらに，人と機械の連合作業については，人・機械図表を作成し，作業の編成を考えることを述べた．

　物の流れについては，仕事の対象である物を中心に職場全体を見ることにより，製品の動きが明確になる．製品工程分析では，資材から製品に変わるまでの全プロセスを記号化するため，職場全体の流れに対して製品を中心に見ることが可能となる．さらに生産をするうえで数多く発生する運搬について着目し，その部分をクローズアップするための手法として，運搬工程分析を解説した．運搬は生産と生産との間のつなぎ部分であり，一般的に工場内における運搬の割合は他と比べかなり高いため，この部分の現状把握は全体の生産性及び品質向上に不可欠である．

　生産方式については，ライン生産方式と一人生産方式を例にあげて，生産方式には一長一短があり，生産方式自体に優劣はないことを示した．現状採用している生産方式を考えることにより，企業のさまざまな要因が見えてくることを解説した．

　以上の現状把握より，現状の生産現場の理由，生産性向上のための改善案を考えることができる．本章では生産性向上ということを一つの改善の方向性ととらえてきたが，生産性だけで標準作業を設定することはできない．したがって，第3章では品質という側面から生産現場について考える．

● コラム2　IE と ABC/ABM

　本章及び第4章で述べる IE は，業務に対してある単位に分解し，分析及び測定をしているともいえる．例えば，製品工程分析であれば"工程"，時間研究であれば"要素作業"である．現状を詳細に把握するためには，対象を綿密に診ることが大切である．

　ここで，管理会計の分野において，間接業務を"活動"という単位に分解し，適切な原価を算定する ABC（Activity Based Costing：活動基準原価計算）がある．従来の原価計算による間接費の算出は，直接費をもとに配賦による算出であったが，ABC による間接費の算出は，実際の活動をもとにしたものである．これにより，例えば，従来は製品 A の原価は製品 B の原価より安く，利益に貢献していたと考えられていたものが，ABC を適用することにより反対となることがある．

　ABC は原価計算に活用されているが，この考え方を業務改善に結びつけたものが ABM（Activity Based Management：活動基準管理）である．IE 及び ABM の両者とも，ある分析単位をもとに現状を把握することは同様であるが，IE は基本的には直接部門を対象として，ABM は間接部門を対象としていることが大きな違いである．間接部門は直接的な測定は困難となるため"活動"というある程度抽象度の高い単位を用いることが特徴となる．

　現在，ABC/ABM はさらに研究が進められ，TDABC（Time Driven ABC：時間主導型 ABC）という手法が開発されているが，これについては IE 手法と概念的に通ずる部分が多くある．第1章において QCD の説明の際，本書では C を結果としてとらえると述べたが，対象のとらえ方という点で，C と D は似ている部分は多いと考える．

●コラム2　IEとABC/ABM　　　57

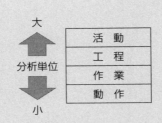

図2.25　分析単位

第3章　生産現場の品質

　たとえ生産性が向上しても，品質に影響が出たのでは本末転倒である．製品は最終的に顧客に渡るので，究極的にどちらかを優先するかとなれば，品質を疎かにすることはできない．ただし，丁寧に時間をかけることによって品質は向上するが生産性が半減したのでは，企業として立ち行かない．したがって，生産性と品質の両面を考えながら作業方法，作業条件を考えるということになる．

　それでは品質管理を具体的にどのように実施していくのか．品質管理の考え方として"品質は工程で造りこむ"という言葉がある．これは製品の品質向上のためには，検査を厳しくすることを主眼に置くのではなく，製品を造り出している工程自体に主眼を置き，工程のレベルを向上させ不適合品を造らないという品質管理の考え方を示している．

　第2章の工程図の解説の際，加工記号以外は価値を生んでいないと述べたが，まさしく品質を確認する検査記号が大切なのではなく，品質を造り出す加工記号そのものが最も大切であるという意味である．このことより，生産現場における品質管理の領域を，第2章で解説した工程図に合わせ込む形で表すと図3.1のイメージとなる．

　品質管理でもう一つ大切にしている考え方として"事実に基づく管理"がある．ここでいう事実とは"データ"のことを指している．品質管理ではKKD（経験・勘・度胸）の大切さを認識しながらも，しっかりとデータを収集及び解析し，その結果をもとに意思決定をしていこうという姿勢がある．データとは，工程で造られる製品の特性値（例えば，寸法，質量）であり，このことより品質管理の視点として，工程で造られる製品を中心に見ていることがわかる[*15]．またデータには種類があり，本書では図3.2のようなデータを対象と

第3章　生産現場の品質

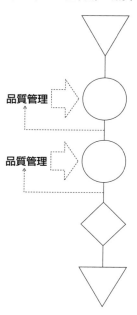

図 3.1　品質管理の領域

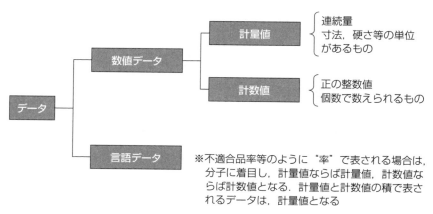

図 3.2　データの種類

---

*15　これは本書の第2章で述べた考え方とも一致する．

している．同図より，データは数値データと言語データに分かれ，さらに数値データは計量値（測って得られるデータ：連続量）と計数値（数えて得られるデータ：離散量）に分かれる．

本書では生産現場における品質の現状把握に QC 手法を用いる．QC 手法は収集するデータにより，適用する手法が決まっている．本章で扱うデータと QC 手法は，データ収集にチェックシート，計量値データにヒストグラム，管理図，実験計画法，計数値データにパレート図，管理図，言語データに特性要因図となる．

ここまで主に品質管理の考え方を述べたが，最後に品質管理の手法の特徴について述べる．品質管理では工程の状態を効率良く把握するため，統計学を活用している．具体的には後述するが，生産工程から造り出される製品は無限にあるので，すべてを管理することは困難である．したがって，統計学の知識を活用して，一部を採取し，全体を推測するという統計的アプローチ（図 3.3 参照）

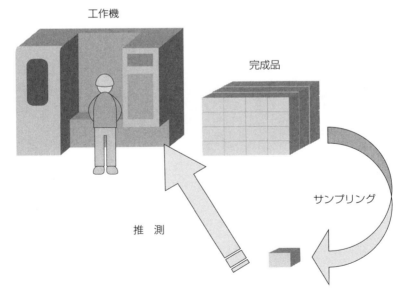

図 3.3 統計学の活用

をとっている．これを統計的品質管理（Statistical Quality Control：SQC）という[*16]．本章では，品質という観点から，工程を効率良く管理するために，QC手法に基づく現状把握の方法を解説する．

3.1 対象の明確化

図3.4は，本章で想定する，職場と各節との関係である．QC手法は考察する対象によって収集するデータが異なってくる．例えば，パレート図において，最終的な製品に対してデータを収集するのと，各工程で造られる完成品に対してデータを収集するのとでは，データから考察する対象の領域が異なる．すなわち，あらかじめ対象を明確にし，データを収集することが大切である．以降では，3.2節においては，考察する対象を生産プロセス全体として最終的な製品のデータを収集し，3.3節，3.4節においては，考察する対象を加工工程と

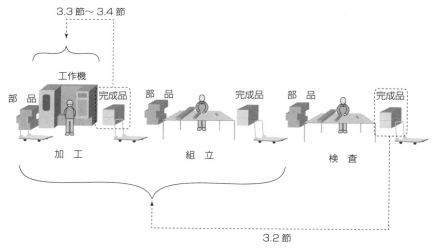

図3.4 本章におけるQC手法の対象

[*16] 統計的品質管理は，米国より導入され，日本の産業界に広まった．普及の中心人物としてデミング博士があげられる．

して工作機で造り出される完成品をデータ収集の対象としている．

3.2 不適合品の現状把握（チェックシート，パレート図）

はじめに工程から造り出される製品の現状把握を考える．ここでは最も基本となる最終的な製品が適合品か不適合品かという観点である．一般的に工程では，設計図をもとに設定された規格の範囲内であれば適合品，範囲外であれば不適合品という判断をする．本節ではチェックシートとパレート図という二つのQC手法による現状把握を解説する．

3.2.1 チェックシート

一口に不適合品といっても，その種類は多様である．生産している製品によっても異なるが，キズ，異物，寸法等，不適合の項目はさまざまである．最も基本的ではあるが，不適合項目を的確に表現して識別することは，現状の正確な把握に欠かすことができない．不適合品が発生した際，どの項目にカウントがされるかは，不適合項目の分類の仕方で決まる．ある不適合項目にカウントが多数されれば，当然のことながらその不適合項目に目が向き，原因を追究することとなる．すなわち，多数カウントされた不適合項目に対して，発生させる生産プロセスを追求することとなる．

以上のことから，初動につながる不適合項目を適切に分類することが，適切な対応への第一歩となる．品質管理はデータを大切に考えているため，単に不適合のデータというだけでなく"どのような不適合のデータなのか"を明確にしておくことが正確な現状把握である．

データを適切な項目で分類した後は，そのデータの収集となる．上述の不適合項目別のカウントにおいても，先に項目が分類できていれば，あとはカウントをするだけとなり，その後の解析に効率良く進むことができる．このような効率良いデータ収集のためのQC手法を"チェックシート"という．

ここでは二つのチェックシートを解説する．一つは上述の不適合項目別

チェックシートである(表3.1参照)．発生した不適合品に対して，どのような不適合項目なのかをチェックすることにより，不適合項目別の表を作成することができる．ここで重要なことの一つとして，チェックシートの上部に示されているデータ収集の際の記述事項があげられる．何に対してだれが，いつ，どこで，なぜ，どのような方法(5W1H：What, Who, When, Where, Why, How)でデータを収集したかを把握することは，集計後にデータからトレースをする際に役立つ．

もう一つは，不適合位置チェックシートである(図3.5参照)．これはキズや汚れなどが，製品に対してどの位置に付着したかを認識することができる．単にキズ1，汚れ1ではなく，どこに付いたかを把握することにより，生産プロセスのどの部分で発生したかを特定することができる．したがって，第2章で

表3.1 不適合項目別チェックシートの例

対象工程：検査工程　　　期　間：6/1 〜 6/5
ロット：MK 98　　　　　検査担当者：Dさん

不適合項目	6月1日	6月2日	6月3日	6月4日	6月5日	計
ワ レ	1	0	1	1	1	4
キ ズ	2	5	2	1	4	14
寸 法	4	3	4	5	5	21
汚 れ	2	1	1	1	1	6
その他	1	1	1	1	1	5
計	10	10	9	9	12	50

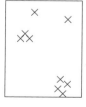 

表　　　　　　　　裏

図3.5　不適合位置チェックシートの例

解説したIE手法と連動させて改善対象を絞り込むことが容易となる．チェックシートは単にデータ収集ツールであるが，生産プロセスと連動させることにより，さらにその効果を発揮することとなる．

3.2.2 パレート図

チェックシートにより，不適合品に対して不適合項目別に整理分類できたとする．次にどの不適合項目から対応するかを考えることになる．パレート図は重点管理と呼ばれ，このような場面で効果を発揮する．一般的に全体に対して割合の大きい項目は，少ない項目数であるといわれている[*17]．パレート図を作成することにより，全体への影響の割合が大きい不適合項目を特定することができるため，原因追究及び改善の優先順位を付けることができる．

図3.6は，表3.1のチェックシートから作成したものである．同図より，寸

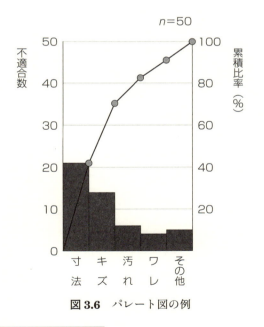

図 3.6 パレート図の例

[*17] これは"80-20の法則"と呼ばれる．

法とキズの不適合項目が多く，二つの項目で全体のおよそ70%を占めていることがわかる．したがって，この二つの不適合項目から原因を追究して改善することとする．

【補足事項5：パレート図作成手順】

① 不適合項目等のデータの収集
② 不適合項目等，分類項目を設定して分類（表3.2参照）

表3.2 不適合項目と不適合数の集計

不適合項目	不適合数	累積数	累積比率（%）
寸　法	21		
キ　ズ	14		
汚　れ	6		
ワ　レ	4		
その他	5		
計	50	―	―

③ 分類項目について，データの大きい順に並替え
　※"その他"については，データ数が最も小さくなくても最後とする．
④ 累積数，累積比率を算出（表3.3参照）

表3.3 不適合数から累積数と累積比率の算出

不適合項目	不適合数	累積数	累積比率（%）
寸　法	21	21	42.0
キ　ズ	14	35	70.0
汚　れ	6	41	82.0
ワ　レ	4	45	90.0
その他	5	50	100.0
計	50	―	―

※累積数と累積比率は，例えば，キズの累積数35は"21＋14"，累積比率70.0（%）は"35÷50"の計算結果である．

⑤ 表3.3の不適合数について棒グラフを作成（図3.7参照）
※左縦軸の最大値はデータ数の合計とする．本事例の場合は50である．

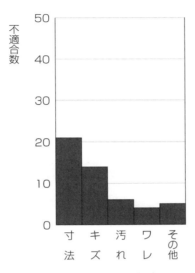

図3.7 棒グラフの作成

⑥ 表3.3の累積比率について，右側を縦軸として折れ線グラフを作成（図3.8参照）
※左縦軸の最大値の目盛の延長線上を右縦軸目盛の100%とする．
右縦軸を等分して目盛を記入する．
折れ線グラフの点は棒グラフの右肩に打点する．
データ数（n）を記入する．本事例の場合は，50個のデータから作成しているので，$n = 50$ となる．

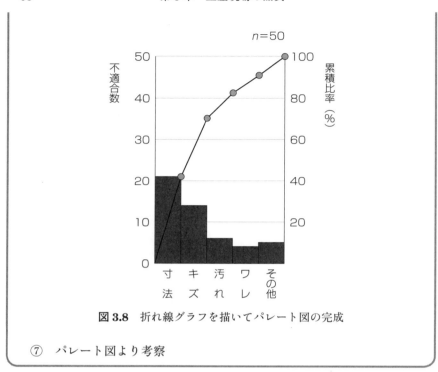

図 3.8 折れ線グラフを描いてパレート図の完成

⑦ パレート図より考察

3.3 工程の状態の把握（ヒストグラム，管理図）

品質管理の考え方及び方法について，最も色濃く反映している部分が本節である．すなわち，品質を尺度として工程を，統計学を活用して管理する．はじめに統計学を活用するうえでの基礎を述べる．

3.3.1 品質管理における統計学の基礎

ここでは，品質管理における統計的手法を活用するための統計学の基礎について述べる．

（1）確率分布

統計学では，すべての事象は確率分布（以下"分布"という，図 3.9 参照）

3.3 工程の状態の把握（ヒストグラム，管理図）

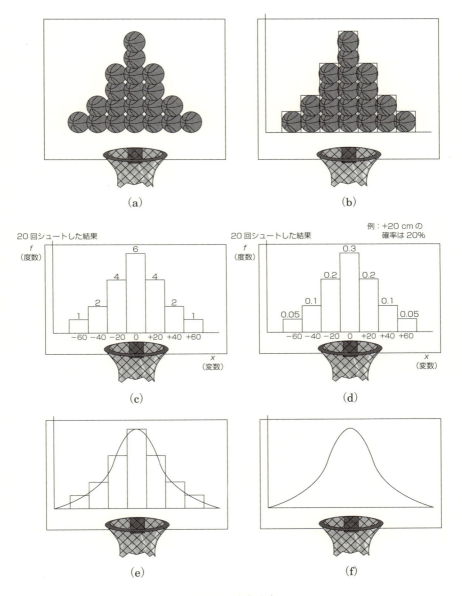

図 3.9 確率分布

に従うものとしている．例えば，同図（a）は，バスケットボールのシュートにおける事象である．ボールの積み上がった数は，その場所に飛んだ数を表している．ある程度のバスケットボール経験者がリングをねらってシュートを打った場合，ねらった場所の周辺にボールが飛ぶ．ただし，ねらった位置ばかりに飛ぶわけではなく，ねらった位置から左右にばらつきがあることがわかる（リングに当たらないエアーボールもある）．これを棒グラフにしたものがヒストグラム［同図（b）］であり，ボールが飛ぶ位置はシュートを打った数で除すことによってその位置の確率を求めることができる［同図（c），（d）］．棒グラフの形は，シュートにおける確率分布ととらえることができ，ある事象がどのような値をとりやすいかを知ることができる［同図（e），（f）］．本事例の分布の形は左右対称の山型になっている．これを"正規分布"という．ヒストグラムについては次項で解説する．

（2） 母集団とサンプル

生産工程から造り出される製品は無数であり，すべてを管理することは難しい．サンプルをとるという行為は，この無数に造り出された製品の一部という認識をもつことが大切である．このような考え方をもとにすると，大もとの生産工程自体と，とったサンプルという二つの世界が存在することになる（図3.10

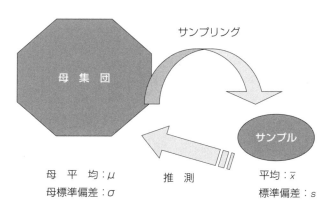

図 **3.10**　母集団とサンプル

3.3 工程の状態の把握（ヒストグラム，管理図）

参照）．我々が知ることのできる世界は，とったサンプルについてであり，このサンプルを通して大もとの世界を予想する．大もとの世界を"母集団"，母集団からとったものを"サンプル"，そのサンプルを大もとからデータをとる行為を"サンプリング"という．具体的には次の"(3) ランダムサンプリング"でサンプルを測定して統計量を求めるが，サンプリングされたサンプルに対して統計量を求め，大もとの世界の統計量を考える．なお，とったサンプルの統計量はアルファベットで示し，大もとの世界の統計量をギリシャ文字で示す．さらに大もとの世界の統計量について，はじめに"母"が付く．

(3) ランダムサンプリング

サンプリング（サンプルのとり方）の留意点であるが，基本となる考え方は"大もとの世界がわかるように"である．つまりサンプルの中に大もとの世界の特徴が反映されていることが大切である．大もとの世界の特徴を反映させるためには，かたよりなくサンプルをとる必要がある．そのようなサンプルのとり方を"ランダムサンプリング"と呼ぶ．すなわち，なるべくどこかを集中的にとるような方法ではなく，無作為にデータをとることである（図3.11参照）．

(4) 基本統計量

サンプリングして測定したデータはそのままでは何も見えてこない．ここで

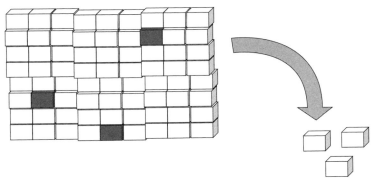

図3.11 ランダムサンプリング

は品質管理で頻繁に用いられる中心的傾向を表す平均とメディアン，ばらつきの傾向を表す範囲，平方和，分散，標準偏差を解説する．特に，ばらつきについては，生産工程の状態を表すものとして品質管理では重要視している．品質管理でいう工程の状態が良いとは"ばらつきが小さい"ということになる．これを基本統計量で表現すると，ばらつきの傾向を表す統計量の数値が小さいこととなる．ここでは，前節で最も不適合項目のカウントが多かった寸法について，基本統計量を求める（表3.4参照）．

基本統計量は，数値単独では効果を発揮することはないが，他の数値と比較することにより，考察を深めることができる．例えば，工作機械で加工をしている場合，目標値（ねらい値）となる数値が存在する．その目標値と平均値を比較することにより，目標値に対してどの程度平均値がずれているかを把握することができる．また，2台の工作機を比較する場合においては，標準偏差を算出し，ばらつきの大きさを比較することにより，優劣を決める一つの資料となる．

以上述べてきた"確率分布""母集団とサンプル""ランダムサンプリング""基本統計量"が統計的品質管理の統計学の基礎となる．これらを踏まえ，工程の状態を統計的に把握する方法を解説する．

表3.4　基本統計量

中心的傾向	平　均	50.08
	メディアン	50.2
ばらつきの傾向	範　囲	0.8
	平方和	0.428
	分　散	0.107
	標準偏差	0.327

3.3 工程の状態の把握（ヒストグラム，管理図） 73

【補足事項6：基本統計量計算手順】
次のサンプリングしたデータについて，基本統計量を求める．
　　49.6，50.3，50.4，49.9，50.2
・データの中心的傾向を表す統計量
　① 平均値（$\bar{x}$）
　　個々の測定値（データ）の総和を測定値の全個数で除した値
$$\bar{x} = \frac{x_1 + x_2 + \cdots + x_n}{n} = \frac{\sum_{i=1}^{n} x_i}{n} = \frac{49.6 + 50.3 + 50.4 + 49.9 + 50.2}{5}$$
$$= 50.08 \text{（mm）}$$
　② メディアン（$\tilde{x}$）
　　測定値を大きさの順に並べ，奇数の場合は中央に位置する値，偶数の場合は中央の二つの平均の値
　　49.6，49.9，50.2，50.3，50.4
　　$\tilde{x} = 50.2$ （mm）

　　※ 49.6，49.9，50.3，50.4 の場合は，$\dfrac{49.9 + 50.3}{2} = 50.1$ （mm）

・データのばらつきの傾向を表す統計量
　③ 範囲（R）
　　測定値の中の最大値と最小値との差
　　$R = x_{\max} - x_{\min} = 50.4 - 49.6 = 0.8$ （mm）
　④ 平方和（S）
　　個々の測定値と平均値との差（偏差）の2乗和の値
$$S = \sum_{i=1}^{n}(x_i - \bar{x})^2 = \sum_{i=1}^{n} x_i^2 - \frac{\left(\sum_{i=1}^{n} x_i\right)^2}{n}$$
$$= (49.6^2 + 50.3^2 + 50.4^2 + 49.9^2 + 50.2^2)$$

$$-\frac{(49.6+50.3+50.4+49.9+50.2)^2}{5}$$
$$= 12540.46 - 12540.032 = 0.428 \ (\text{mm}^2)$$

⑤ 分散（V）

平方和を（データ数－1）で除した値
$$V = \frac{S}{n-1} = \frac{0.428}{4} = 0.107 \ (\text{mm}^2)$$

⑥ 標準偏差（s）

分散の平方根
$$s = \sqrt{V} = \sqrt{0.107} = 0.327 \ (\text{mm})$$

3.3.2 分布による工程状態の把握（ヒストグラム）

工程の状態を把握する方法として，最もよく用いられるのがヒストグラムである．ヒストグラムを作成することにより，現在の工程の状態を把握し，問題点を顕在化させることができる．ヒストグラムを作成するデータは，上述のようにランダムサンプリングを行って収集するが，目的は母集団の状態を知ることである．したがって，収集するデータの数（サンプル数）は一般的に100個程度が望ましい．

図3.12は，前項の対象となった寸法のデータについて100個サンプリングし，それをもとにヒストグラムを作成したものである．はじめにヒストグラムの形状を見ていく．この形状を見ることにより，工程の状態がどういう状態で，工程にどのようなことが起こっているかを推察することができる（図3.13参照）．図3.13（a）の一般型というのは左右対称の形であり，一般的に管理された状態に表れる形となる．これを"正規分布"という．正規分布は品質管理で最も大切にしている分布であり，この分布かどうかを見ることにより，管理状態の有無を判断する一つの指針となる．また，正規分布であれば確率計算が容易であるため，不適合品率についても計算により求めることができる［3.3.4項（2）参照］．

3.3 工程の状態の把握（ヒストグラム，管理図）

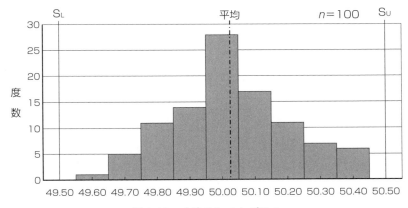

図3.12 寸法のヒストグラム

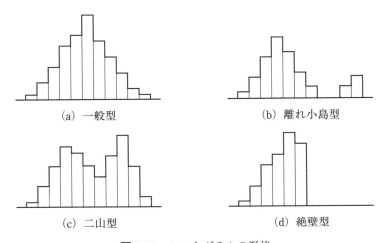

図3.13 ヒストグラムの形状

［出典 "JIS品質管理セミナー 品質管理テキスト"（2014）：日本規格協会］

一般型以外の場合を見ていくこととする．同図 (b) の離れ小島型は異物が混入した際に表れる形状である．同図 (c) の二山型は，異なる二つの集団からデータを収集している可能性があるため，ヒストグラムが二つ表れている．同図 (d) の絶壁型は絶壁のところに上限規格値がある場合，手直しが行われ

ている可能性がある．本来であれば上限規格を超えるものも存在するが，手直しにより規格内に収められている可能性がある．すなわち，手直しの時間をロスしていることになる．したがって，ヒストグラムを作成する際は，調整，手直し等がかからない状態でデータを収集し，工程の真の姿を表すことが重要である．

以上のことより，まずは一般型かどうかを判断し，一般型以外の場合はその理由を考えることが工程改善の指針となる．

次に目標値，規格値との関係を見ていく．はじめに目標値に対して，ヒストグラムの最も度数の高い区間がどこに位置付くかを見ていく（図3.14参照）．これにより，ねらった数値と実際との関係性をとらえることができる．次に規格値に対するヒストグラム全体の収まり具合を見ていく．これにより，現状のばらつきの大きさを判断することができる．

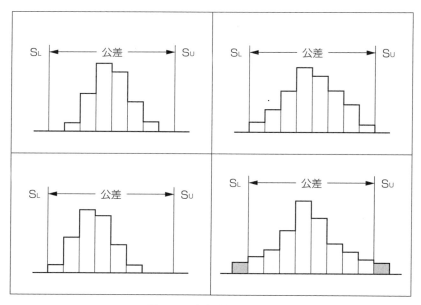

図3.14 規格値との比較

［出典　JIS品質管理セミナー 品質管理テキスト（2014）：日本規格協会］

3.3 工程の状態の把握（ヒストグラム，管理図）

形状の把握，目標値及び規格値との比較より，工程の状態を推察することができる．まずは形状が一般型になるよう工程の状態を改善していくことを第一に考える．すなわち，他の形状となった場合は，なぜその形状になってしまったか理由を考え，工程に対して処置をとっていくこととなる．さらにヒストグラムと目標値及び規格値を比較することにより，目標値と平均値とのずれやばらつきの低減について考察することができる．ここで，アプローチの順番について，品質管理では"ばらつきを小さくする"ことを第一に考える．すなわち，ばらつきに効果を発揮する要因をあげて改善を行っていくこととなる．

【補足事項7：ヒストグラム作成手順】

ヒストグラムを作成する際には，まず度数分布表を作成する．その際のポイントは，区間の幅と区間の始めを適切に設定することである．

① データの収集（100個以上）

② 区間の幅の設定

範囲（R）を求める．

$50.4 - 49.6 = 0.8$

$\sqrt{}$（データ数）を仮区間数とする．

　※小数の場合は，整数に丸める．ここで仮としたのは，最終的な区間数とは異なる場合があるからである．

$\sqrt{100} = 10$

範囲（R）を仮区間数で除して区間の幅とする．

　※区間の幅は，データの測定単位の整数倍にする．測定単位とはデータを測定したときの目盛幅(測定のきざみ)である．本事例の場合，測定単位は 0.1 であるため，その整数倍とする．

$0.8 \div 10 = 0.08 \rightarrow 0.1$

　※ 0.1×1，0.1×2，0.1×3，…，0.08 に最も近い 0.1 とする．

③ 区間の始めの設定

区間の始めは，最小値 $-\dfrac{測定単位}{2}$ で求める．

$$49.6 - \dfrac{0.1}{2} = 49.55$$

※測定されたデータの桁数より桁を一つ増やすことにより，次の④の度数マークのチェック時に迷うことがなくなる．

④　度数分布表の作成

度数分布表（表3.5参照）の左上の欄に，③で設定した区間の始めを記入する．そして②で設定した区間の幅を加え，第1区間の上側境界値を設定する．第1区間の上側境界値を第2区間の下側境界値に転記し，区間の幅を加え，第2区間の上側境界値とする．この手順を繰り返し，データの最大値が区間に入るまで区間を作成する．中心値は各区間の上側境界値と下側境界値を加えて2で除した数値である．

表3.5 度数分布表の例（区間と中心値の記入）

区間の始め（③）
区間の幅（②）
$\left(\dfrac{上側境界値+下側境界値}{2}\right)$

No.	区	間	中心値	度数マーク	度数
1	49.55	～ 49.65	49.6		
2	49.65	～ 49.75	49.7		
3	49.75	～ 49.85	49.8		
4	49.85	～ 49.95	49.9		
5	49.95	～ 50.05	50.0		
6	50.05	～ 50.15	50.1		
7	50.15	～ 50.25	50.2		
8	50.25	～ 50.35	50.3		
9	50.35	～ 50.45	50.4		

測定したデータ（100個）を各区間に割り振り，度数マーク欄にチェックをいれる．例えば，49.8の場合は，第3区間にチェックされる．各区

間に度数マークの合計を求め、度数欄に記入する（表3.6参照）.

表3.6 度数分布表（度数のチェック）の例

No.	区　間	中心値	度数マーク	度数
1	49.55 ～ 49.65	49.6	/	1
2	49.65 ～ 49.75	49.7	丗	5
3	49.75 ～ 49.85	49.8	丗 丗 /	11
4	49.85 ～ 49.95	49.9	丗 丗 ////	14
5	49.95 ～ 50.05	50.0	丗 丗 丗 丗 丗 ///	28
6	50.05 ～ 50.15	50.1	丗 丗 丗 //	17
7	50.15 ～ 50.25	50.2	丗 丗 /	11
8	50.25 ～ 50.35	50.3	丗 //	7
9	50.35 ～ 50.45	50.4	丗 /	6

⑤　ヒストグラムの作成

度数分布表の度数をもとに棒グラフを作成する（図3.15参照）．同図では公差（S_U：上限規格，S_L：下限規格）も表示している．

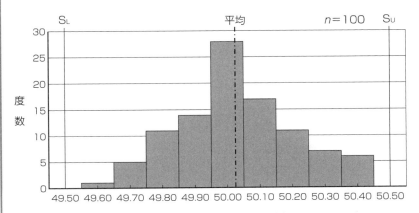

図3.15 ヒストグラムの例

⑥　ヒストグラムより考察

3.3.3 時系列による工程状態の把握（解析用管理図，管理用管理図）

工程に対して，時間軸という視点を取り入れ，工程状態を把握する手法が管理図である．管理図では特性のばらつきを二つに分類する．一つが偶然原因によるばらつきであり，たまたま起こるばらつきである．もう一つが異常原因によるばらつきであり，突き止めるべき事象によって起こるばらつきである．管理図ではこの二つを管理限界線により分類する（図3.16参照）．管理限界線内であれば偶然原因によるばらつき，管理限界線外であれば異常原因によるばらつきと判断する．この管理限界線は，対象となる特性値の分布の3シグマのところで引かれており，適合と不適合を判別する公差ではないことも特徴である．

管理図には二つの活用の場面が想定されている．一つは，工程から造り出される製品の品質に対して，影響する要因を把握して処置をとりたい状況，もう一つは，工程を管理する条件が決まり，ある一定の水準で品質を維持管理する状況である．簡略すると，前者は工程が初期の段階であり，工程にまだばらつく要因があると考えられる場合，後者は工程が初期のばらつく要因が改善され，一定の品質を継続的に造り出せる条件が整ったと考えられる場合である．

前者を標準値が与えられていない場合に用いる管理図として"解析用管理図"，後者を標準値が与えられている場合に用いる管理図として"管理用管理図"と呼ぶ．本書では解析用管理図を中心に取り上げる．なお，管理図はデータの

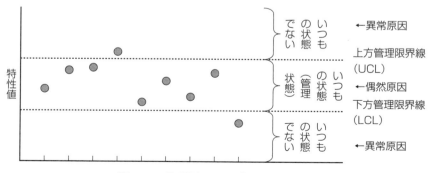

図 3.16 管理図によるばらつきの分類

種類により，用いる管理図は分かれている（表3.7参照）．本書では計量値データを対象とした$\overline{X}$-R管理図を中心に解説する．

図3.17は3.3.1項（4）の基本統計量の対象となった寸法のデータを，1日5個ずつサンプリングし，それをもとに管理図を作成したものである．管理図を作成するためには，はじめに"群"を設定することになる．この群設定が管理図のポイントとなる．本事例では群が"日"，群の大きさが"5"となる（$n = 5$）．群を形成することにより，当然のことながら群内（群の中）と群間（群と群との間）という二つの概念が生まれることとなる．例えば"日"という群を設定したのであれば，群内は日中（一日の中），群間は日間（日と日との間）となる．すなわち，ばらつきも群内変動と群間変動の二種類となる．

$\overline{X}$-R管理図は，群内変動をもとに群間変動を管理するように作られている．群内変動を示しているのはR管理図である．したがって，まずR管理図を見て管理されている状態（管理状態）かどうかを判断する．管理されている状態になければ，対象データをもとに工程の改善を行う必要がある．なお，R管理図と$\overline{X}$管理図の関係は，管理限界線の式の中からでも確認することができ，$\overline{X}$管理図の管理限界線は$\overline{R}$をもとに導出されている（補足事例8，86ページ参照）．

以上のことより，先にR管理図をもとに群内変動のばらつきを小さくし，

表 3.7 管理図の種類

対象データ	管理図	内　　容
計量値	$\overline{X}$-R	平均と範囲
	$\overline{X}$-s	平均と標準偏差
	X	個々の測定値
	メディアン	メディアンと範囲
計数値	np	不適合品数（サンプルサイズ一定）
	p	不適合品率（サンプルサイズ一定でない）
	c	不適合数（サンプルの単位一定）
	u	単位当たりの不適合数（サンプルの単位一定でない）

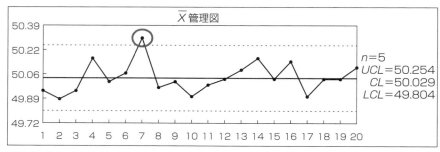

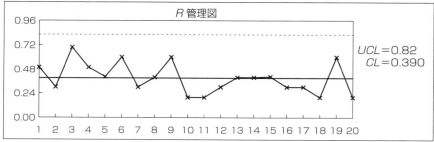

図 3.17 $\overline{X}$-R 管理図の例

工程が管理状態を示した後，$\overline{X}$ 管理図をもとに群間変動のばらつきを見て工程の状態を確認していく．本事例では R 管理図は管理状態にあるが，$\overline{X}$ 管理図の第7群が管理限界線外となっている．

　管理図の見方には二つある．一つが最も大切な見方であり，打点が管理限界線内に収まっているかどうかである．管理限界線内に収まっていれば，対象工程は管理状態にあると考える．もう一つは点の並び方のくせを見ることである．管理図の対象は統計量である．すなわち，母集団からサンプリングしたものである．したがって，統計量から工程全体がどのようになっているかを推測する必要がある．

　推測にはリスクがつきものである．手元にある少ないデータから大もとを予測するため，リスクがつきまとうのは避けられない．統計学には二つのリスクがある．一つが"あわてものの誤り"（第1種の誤り），もう一つが"ぼんやりものの誤り"（第2種の誤り）である（図3.18参照）．すなわち，統計量を見

3.3 工程の状態の把握（ヒストグラム，管理図） 83

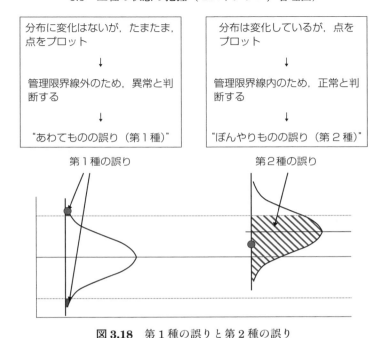

図 3.18　第1種の誤りと第2種の誤り

て，本当は母集団が何も変化していないのに変化したと判断する誤り，これがあわてものの誤りで，同様に統計量を見て，本当は母集団が変化したのに変化していないと判断する誤り，これがぼんやりものの誤りである．

　管理図では上述のように管理限界線を3シグマのところに引いてある．したがって，ほとんどの統計量が管理限界線の中に入り，管理限界線の外に出るのはわずかである．管理限界線の外に打点された場合は，よほどの異常原因によるものである．したがって，母集団（工程）が何も変化していないのに変化したと判断することは少ない．しかしながら，反対に実は工程が変化しているのに，打点された点が管理限界線の中にあるために変化に気付けない，ぼんやりものの誤りを犯す危険性はある．これを是正するのが，点の並び方のくせを見ることである．

　図 3.19 のように，いくつかのくせが列挙されているが，職場及び工程によ

り異なる．一般的によく用いられるルールとしては，ルール1，ルール2，ルール5の三つがある（図3.20参照）．ただし，図3.19はあくまで一つのガイドラインであり，対象工程の特徴を的確に把握し，ルールを決める必要がある．

　解析用管理図によって管理状態にあるかどうかを確認し，管理状態になければ（管理限界線外に打点された等）対象となる打点の状況をトレースして何が起こったのか把握して改善する．改善された群は外して管理限界線を引き直す．解析用管理図により，工程の問題点を改善し，安定的な特性値を得られるように工程の状態を安定化させていく．安定化したと判断した後は，管理用管理図に移行する（図3.21参照）．すなわち，今度ははじめに管理限界線を引き，その後，打点をしていく状態となる．管理用管理図の管理線（中心線，管理限界線）は，解析用管理図の延長，管理用管理図の管理限界線式で設定，規格を参照して再設定等，いくつか考えられる．すなわち，ヒストグラム，解析用管理図から得られた知見より，標準値（工程を管理する目標値）が設定され，それを遵守するよう管理用管理図で工程を管理していくことになる．

ルール	内　　容
1	1点が管理限界線（領域A）を超える
2	9点が中心線に対して同じ側にある（片側9の連）
3	6点が増加，又は減少している
4	14の点が交互に増減している
5	連続する3点中，2点が領域A又はそれを超えた領域にある
6	連続する5点中，4点が領域B又はそれを超えた領域にある
7	連続する15点が領域Cに存在する
8	連続する8点が領域Cを超えた領域にある

図3.19　点の並び方の判定ルール

3.3 工程の状態の把握（ヒストグラム，管理図）

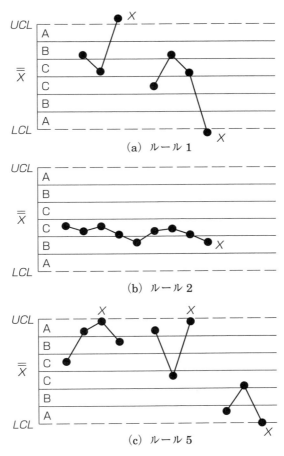

図 3.20 判定ルールの詳細

［出典　JIS 品質管理ハンドブック 2014（2014）：日本規格協会］

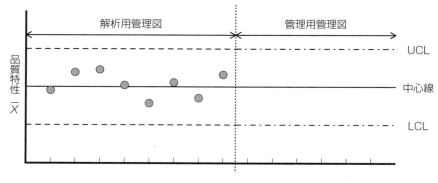

図 3.21　解析用管理図から管理用管理図への移行[*18]

【補足事項 8：解析用管理図作成手順】

① 適切な区切り（群）より，4～5 データ (n) をとり，20～25 群のデータを収集［本事例では 20 群，1 群当たりのデータ数 5（$n = 5$）としている］．

② 群ごとに平均（$\overline{X}$）の計算（表 3.8 参照，以下，第 1 群例）
※測定値の 1 桁下まで求める．

$$\text{第 1 群 } \overline{X} = \frac{49.8 + 50.0 + 50.2 + 50.0 + 49.7}{5} = 49.94$$

③ 群ごとに範囲（R）の計算（表 3.8 参照，以下，第 1 群例）
第 1 群 $R = 50.2 - 49.7 = 0.5$

[*18] 解析用管理図の管理線を延長した形となっているが，管理用管理図への管理線の移行は，管理線だけでなく製品規格との関係も加味して決定される．

3.3 工程の状態の把握（ヒストグラム，管理図）

表 3.8 データの例 ($n = 5$, 20 群)

$n = 5$

群	X_1	X_2	X_3	X_4	X_5	平均	範囲
1	49.8	50.0	50.2	50.0	49.7	49.94	0.5
2	50.0	50.0	49.7	49.8	49.9	49.88	0.3
3	49.7	49.8	49.8	50.4	50.0	49.94	0.7
4	50.4	50.3	50.2	50.0	49.9	50.16	0.5
5	50.1	49.9	50.0	50.2	49.8	50.00	0.4
6	50.1	50.1	49.9	50.4	49.8	50.06	0.6
7	50.3	50.4	50.4	50.3	50.1	50.30	0.3
8	50.0	50.1	49.7	50.0	50.0	49.96	0.4
9	49.6	50.1	50.0	50.1	50.2	50.00	0.6
10	49.9	49.9	49.9	50.0	49.8	49.90	0.2
11	50.1	49.9	49.9	50.1	49.9	49.98	0.2
12	50.0	49.9	50.0	50.0	50.2	50.02	0.3
13	50.1	50.3	50.1	50.0	49.9	50.08	0.4
14	50.4	50.0	50.2	50.0	50.2	50.16	0.4
15	50.1	50.2	50.0	50.0	49.8	50.02	0.4
16	50.1	50.0	50.3	50.3	50.0	50.14	0.3
17	49.8	49.8	50.0	49.8	50.1	49.90	0.3
18	50.1	50.0	50.0	49.9	50.1	50.02	0.2
19	50.2	49.7	49.9	50.0	50.3	50.02	0.6
20	50.2	50.1	50.0	50.2	50.0	50.10	0.2

④ 管理線［中心線（CL），上方管理限界線（UCL），下方管理限界線（LCL）］の計算

$\overline{X}$ 管理図の中心線

※測定値の 2 桁下まで求める．

$$\overline{\overline{X}} = \frac{\sum_{i=1}^{n} \overline{X}}{k} = \frac{1000.58}{20} = 50.029$$

k：群の数

R 管理図の中心線

※測定値の2桁下まで求める．

$$\overline{R} = \frac{\sum R}{k} = \frac{7.8}{20} = 0.390$$

$\overline{X}$ 管理図の管理限界線

※平均 ($\overline{X}$) より1桁下まで求める．A_2 は表 3.9 より，群の大きさで決定する．

$$UCL = \overline{\overline{X}} + A_2 \overline{R} = 50.029 + (0.577 \times 0.39) = 50.254$$
$$LCL = \overline{\overline{X}} - A_2 \overline{R} = 50.029 - (0.577 \times 0.39) = 49.804$$

R 管理図の管理限界線

※範囲 (R) より1桁下まで求める．D_3，D_4 は表 3.9 より，群の大きさで決定する．

$$UCL = D_4 \overline{R} = 2.114 \times 0.39 = 0.82$$
$$LCL = D_3 \overline{R}$$

LCL は，D_3 の表記が "−" となっているために示されない．

表 3.9 $\overline{X}$-R 管理図の係数表

$n = 5$ の場合

群の大きさ n	$\overline{X}$ 管理図			R 管理図					
	A	A_2	A_3	D_1	D_2	D_3	D_4	d_2	d_3
2	2.121	1.880	2.659	—	3.686	—	3.267	1.128	0.853
3	1.732	1.023	1.954	—	4.358	—	2.574	1.693	0.888
4	1.500	0.729	1.628	—	4.698	—	2.282	2.059	0.880
5	1.342	0.577	1.427	—	4.918	—	2.114	2.326	0.864
6	1.225	0.483	1.287	—	5.078	—	2.004	2.534	0.848
7	1.134	0.419	1.182	0.204	5.204	0.076	1.924	2.704	0.833
8	1.061	0.373	1.099	0.388	5.306	0.136	1.864	2.847	0.820
9	1.000	0.337	1.032	0.547	5.393	0.184	1.816	2.970	0.808
10	0.949	0.308	0.975	0.687	5.469	0.223	1.777	3.078	0.797

⑤ 管理図の作成

縦軸に $\overline{X}$ と R とを目盛り，横軸に群の番号を目盛る．$\overline{X}$ と R をプロッ

トし，点と点を実線で結ぶ．CL は実線，UCL と LCL は破線とする．管理状態にないと判断される群に丸印を付ける（図 3.22 参照）．

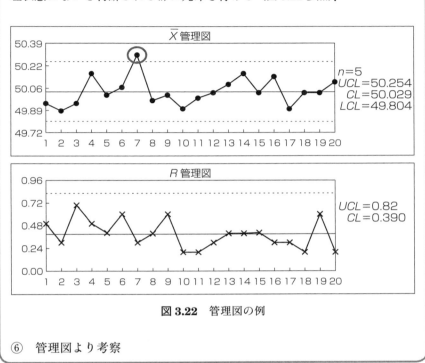

図 3.22　管理図の例

⑥　管理図より考察

3.3.4　数値による工程状態の把握

3.3.2 項，3.3.3 項では，主に視覚的に工程の状態を把握することを中心に述べてきたが，ここでは数値を用いた工程の状態把握について説明する．

（1）　工程能力指数

表 3.10 は，ヒストグラム作成に収集したデータより，平均値と標準偏差を求め算出したものである．C_p と C_{pk} の違いは，平均値を考慮によるものである．C_p の場合は規格の中心に平均値があると仮定されたもので，C_{pk} は規格の中心に対して平均値がずれている場合を考慮している．したがって，$C_p \geqq C_{pk}$ となり，かたよりを考慮している分，C_{pk} のほうが現実的な評価となる．C_p 及

表3.10 本事例の平均値，標準偏差，工程能力指数

統計量	値
規　格	50.0 ± 0.5
平均値	50.029
標準偏差	0.183
工程能力指数（C_p）	0.911
工程能力指数（C_{pk}）	0.858

びC_{pk}ともに，同表より該当する指数にあった工程の状態を知ることができる．

本事例においては$C_p = 0.911$，$C_{pk} = 0.858$となり，ともに$1.00 > C_p$，$C_{pk} \geqq 0.67$の範囲であるため，工程能力が不足していると判断する（図3.23参照）．例えば，工程能力指数が1.33以上の工程能力は十分であるという数値を目標値とした場合，C_p，C_{pk}の式中の標準偏差sをxとおき，1.33を達成するための標準偏差を求めることにより，現状の標準偏差をいくつにすればよいかというばらつき低減の目標値を求めることができる．本事例においては，C_pで0.125，C_{pk}で0.118という標準偏差が目標値となる．

上記のように，ばらつきを小さくすることにより工程能力指数が向上する．ばらつきを小さくすることが改善の着眼点となることを裏付けている．これは不適合品率の計算［次の"(2) 不適合品の発生確率"参照］とも同様である．

【補足事項9：工程能力指数計算手順】

① 対象データより，平均と標準偏差を計算

　※本事例ではヒストグラム作成時に使用した100個のデータ

　　平均（$\bar{x}$）＝ 50.029

　　標準偏差（s）＝ 0.183

② 工程能力指数（C_p，C_{pk}）の計算

$$C_p = \frac{S_U - S_L}{6s} = \frac{50.5 - 49.5}{6 \times 0.183} = 0.911$$

3.3 工程の状態の把握（ヒストグラム，管理図）

$$C_{pk} = \min\left(\frac{\bar{x} - S_L}{3s}, \frac{S_U - \bar{x}}{3s}\right)$$

$$= \min\left(\frac{50.029 - 49.5}{3 \times 0.183}, \frac{50.5 - 50.029}{3 \times 0.183}\right)$$

$$= \min(0.964, 0.858) = 0.858$$

S_U：上限規格，S_L：下限規格

$\min(A, B)$ は，A と B の小さいほうをとる．

③ 図 3.23 より工程能力指数をもとに工程の状態を判断

No.	C_p（又は C_{pk}）の値	分布と規格値の関係	工程能力有無の判断
1	$C_p \geq 1.67$	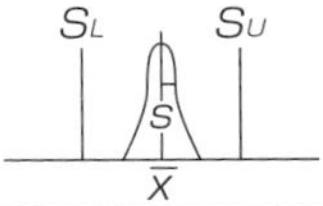	工程能力は十分すぎる
2	$1.67 > C_p \geq 1.33$	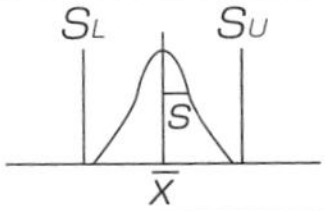	工程能力は十分である
3	$1.33 > C_p \geq 1.00$	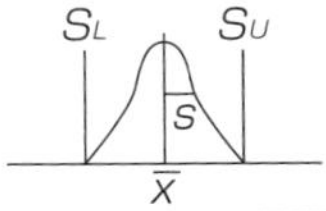	工程能力は十分とはいえないが，まずまずである
4	$1.00 > C_p \geq 0.67$	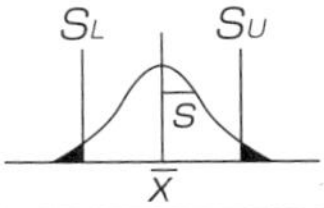	工程能力は不足している
5	$0.67 > C_p$	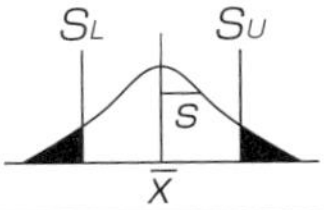	工程能力は非常に不足している

図 3.23 工程状態の判断基準

［出典　JIS 品質管理セミナー 品質管理テキスト（2014）：日本規格協会］

（2）不適合品の発生確率

ヒストグラムを作成することにより，工程の分布の状態を把握することができる．さらに正規分布であることがわかると，そこから発生する不適合品の確

率を予測することができる．正規分布は左右対称の山型であるが，その種類は多数ある（図3.24参照）．正規分布は平均値と標準偏差が決まると形が決定する特徴があり，N(平均値, 標準偏差^2) という表し方ができる（Nは正規分布を意味する）．

正規分布の形はさまざまであるが，標準化（補足事項10の③参照）をすることにより，一つの正規分布として見ることができる．この一つの正規分布のことを標準正規分布といい，平均値が0，標準偏差が1の正規分布である [N (0, 1^2)]．この標準正規分布の確率は，巻末の付録の付表1．（Ⅰ）(183ページ参照) に示されている．したがって，対象分布が正規分布であれば，標準正規分布に標準化し，確率を求めることができることになる．なお，これは前節で解説した結果的な不適合品の把握とは異なり，現状の工程の状態に基づく不適合品の発生確率である．

表3.11は先の"(1) 工程能力指数"と同様のデータを用いたときの不適合品の発生確率である．ヒストグラムの作成より一般型であったため，これを正

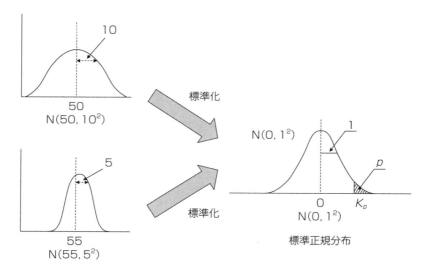

図3.24 正規分布の性質

3.3 工程の状態の把握（ヒストグラム，管理図）

規分布と仮定して確率を求めている．表3.11より，平均値が規格の中心より上側にずれているため（表3.10参照），上限規格を超える不適合品の割合が，下限規格を超える割合に比べて大きいことがわかる．

表3.11 本事例における不適合の発生確率

各確率	発生確率（％）
上限規格外確率	0.51
下限規格外確率	0.19
不適合品率	0.70

以上のことより，規格値，平均値，標準偏差の値より標準化を行い，不適合品の発生確率を予測することができる．なお，先の"(1)工程能力指数"と同様，不適合品の発生確率をあらかじめ定め，それを達成するための標準偏差を求めることもでき，目標値の設定も可能である．本事例において，平均値を規格の中心と仮定して，不適合品の確率を上限規格外0.1％，下限規格外0.1％としたい場合は，標準偏差をxとし，付録の付表1.（Ⅱ）（183ページ参照）より次式となり，xについて求めると目標となる標準偏差（0.162）を求めることができる．

$$\frac{50.5 - 50.0}{x} = 3.090$$

$$x = 0.162$$

【補足事項10：不適合品発生確率計算手順】

① ヒストグラム作成等より，対象データの分布を確認

　※本事例はヒストグラム作成時のデータ

② 平均値と標準偏差を計算

　　平　均　$(\bar{x}) = 50.029$

　　標準偏差　$(s) = 0.183$

③ 標準化による不適合品発生確率の把握

　※上限規格50.5，下限規格49.5のため，各規格を外れる確率を求め

る．次式は上限規格を外れる確率を求める．

$$u = \frac{x - 平均}{標準偏差} = \frac{50.5 - 50.029}{0.183} = 2.57$$

u：標準正規分布に従う

"2.57" 標準正規分布表より 0.0051（表 3.12 参照），すなわち上限規格

表 3.12 標準正規分布表の見方

K_P	*=0	1	2	3	4	5	6	7	8	9
0.0 *	.5000	.4960	.4920	.4880	.4840	.4801	.4761	.4721	.4681	.4641
0.1 *	.4602	.4562	.4522	.4483	.4443	.4404	.4364	.4325	.4286	.4247
0.2 *	.4207	.4168	.4129	.4090	.4052	.4013	.3974	.3936	.3897	.3859
0.3 *	.3821	.3783	.3745	.3707	.3669	.3632	.3594	.3557	.3520	.3483
0.4 *	.3446	.3409	.3372	.3336	.3300	.3264	.3228	.3192	.3156	.3121
0.5 *	.3085	.3050	.3015	.2981	.2946	.2912	.2877	.2843	.2810	.2776
0.6 *	.2743	.2709	.2676	.2643	.2611	.2578	.2546	.2514	.2483	.2451
0.7 *	.2420	.2389	.2358	.2327	.2296	.2266	.2236	.2206	.2177	.2148
0.8 *	.2119	.2090	.2061	.2033	.2005	.1977	.1949	.1922	.1894	.1867
0.9 *	.1841	.1814	.1788	.1762	.1736	.1711	.1685	.1660	.1635	.1611
1.0 *	.1587	.1562	.1539	.1515	.1492	.1469	.1446	.1423	.1401	.1379
1.1 *	.1357	.1335	.1314	.1292	.1271	.1251	.1230	.1210	.1190	.1170
1.2 *	.1151	.1131	.1112	.1093	.1075	.1056	.1038	.1020	.1003	.0985
1.3 *	.0968	.0951	.0934	.0918	.0901	.0885	.0869	.0853	.0838	.0823
1.4 *	.0808	.0793	.0778	.0764	.0749	.0735	.0721	.0708	.0694	.0681
1.5 *	.0668	.0655	.0643	.0630	.0618	.0606	.0594	.0582	.0571	.0559
1.6 *	.0548	.0537	.0526	.0516	.0505	.0495	.0485	.0475	.0465	.0455
1.7 *	.0446	.0436	.0427	.0418	.0409	.0401	.0392	.0384	.0375	.0367
1.8 *	.0359	.0351	.0344	.0336	.0329	.0322	.0314	.0307	.0301	.0294
1.9 *	.0287	.0281	.0274	.0268	.0262	.0256	.0250	.0244	.0239	.0233
2.0 *	.0228	.0222	.0217	.0212	.0207	.0202	.0197	.0192	.0188	.0183
2.1 *	.0179	.0174	.0170	.0166	.0162	.0158	.0154	.0150	.0146	.0143
2.2 *	.0139	.0136	.0132	.0129	.0125	.0122	.0119	.0116	.0113	.0110
2.3 *	.0107	.0104	.0102	.0099	.0096	.0094	.0091	.0089	.0087	.0084
2.4 *	.0082	.0080	.0078	.0075	.0073	.0071	.0069	.0068	.0066	.0064
2.5 *	.0062	.0060	.0059	.0057	.0055	.0054	.0052	.0051	.0049	.0048
2.6 *	.0047	.0045	.0044	.0043	.0041	.0040	.0039	.0038	.0037	.0036
2.7 *	.0035	.0034	.0033	.0032	.0031	.0030	.0029	.0028	.0027	.0026
2.8 *	.0026	.0025	.0024	.0023	.0023	.0022	.0021	.0021	.0020	.0019
2.9 *	.0019	.0018	.0018	.0017	.0016	.0016	.0015	.0015	.0014	.0014
3.0 *	.0013	.0013	.0013	.0013	.0012	.0012	.0011	.0011	.0010	.0010
3.5	.2326E-3									
4.0	.3167E-4									
4.5	.3398E-5									
5.0	.2867E-6									
5.5	.1899E-7									

を外れる不適合品の確率は 0.51% となる．同様に，下限規格を外れる不適合品の確率は 0.19% となり，この工程の不適合品の確率は 0.7% となる．

3.4 原因調査（特性要因図，実験計画法）

前節では，工程の現状把握のための QC 手法を解説したが，例えば，ヒストグラムのばらつき低減，管理図における管理限界線外の打点の原因追究等，把握した現状から原因を突き止め，是正しなければならない．本節では原因列挙の方法として特性要因図を，具体的な原因追究のために実験計画法を解説する．

3.4.1 特性要因図

仕事をした結果を表す項目を特性といい，これを数量化した場合を特性値という．そして特性について，品質の評価の対象となるものを品質特性という．品質特性に影響を及ぼす原因は無数に存在する．その中で品質特性に特に影響を及ぼすものを要因とし，その関係を表現したものに特性要因図がある（図 3.25 参照）．生産工程においてよくあることとして，工程を担当する者だけが知りうる KKD などの暗黙知は文字や数値等の表現になっていない場合が多い．特性要因図は対象の関係者全員で知識を出し合い，特性に対して影響する要因を洗い出し，整理する方法である．

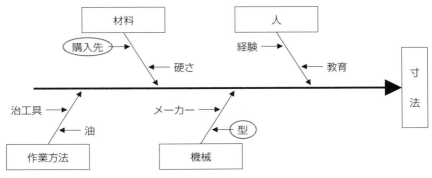

図 3.25 特性要因図の例

図 3.25 は寸法に影響する要因図を特性要因図としてまとめたものである．これより，特に重要と考えられる要因に丸印を付け，実際に処置をとっていくこととなる．例えば，現状の作業方法について問題がある場合は，第 2 章で述べたアプローチなど，作業方法自体のばらつきの適正化を図る．

【補足事項 11：特性要因図作成手順】

特性要因図は大骨から小骨に展開する方法と，小骨から大骨に展開する方法があるが，ここでは後者について説明する．

① 特性について考えられる要因を列挙

　※本事例の場合は寸法に影響を及ぼす要因を列挙する．

- ・治工具　　・型　　　・メーカー　　・経　験
- ・硬　さ　　・教育　　・油　　　　　・購入先

② 列挙した要因をまとめ，見出しを設定

　※本事例の場合は二段階であるが，列挙された要因により，三段階，四段階とまとめていく（図 3.26 参照）．

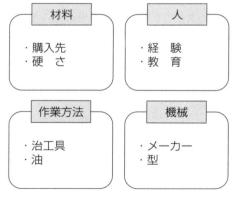

図 3.26　列挙した要因のまとめとそれぞれの見出し

③ 特性要因図の形に作図

　※図 3.25 を参照

④ 特性要因図より考察
　※どこを集中的に改善していくかを考え，丸印を付ける．

3.4.2　実験計画法

　特性要因図で列挙された特性に影響する要因が複数ある場合，数多くの実験が要求される．また，対象が機械の場合，効率の良い実験方法により，特性に影響する要因を絞り込みたい．実験計画法は，少ない実験回数で多くの情報を集め，統計的な判断を行う手法である．実験計画法には，一元配置，二元配置，直交配列，交互作用の考慮の有無，乱解法等，数多くの方法が存在するが，本書では，交互作用なしの L_8 直交配列実験について概略を解説する．

　前項の特性要因図より，寸法に影響を与える要因として機械があがっているが，さらに機械について調査し，機械加工において調整可能な四つの因子（切削速度，刃の種類，材料メーカー，角度）を列挙したとする．ここでの目的は，寸法が長いほうが良い又は短いほうが良いという判断ではなく，寸法に対して影響する因子の把握とする[*19]．

　交互作用なし L_8 直交配列実験は，8回の実験で最大七つまでの因子の特性に対する影響を調査することができる．次に，取り上げた因子において，二つの水準を設定する（表3.13参照）．例えば，切削速度であれば，75 m/min と 95 m/min とする．

　次に L_8 の直交配列表に割り付けを行う（図3.27参照）．割り付けについては，

表3.13　因子と水準

因　子	水準1	水準2
A：切削速度	75 m/min	95 m/min
B：刃の種類	a	b
C：材料メーカー	A	B
D：刃の角度	$\alpha°$	$\beta°$

[*19] 実験計画法において変動原因として設定したものを"因子"と呼ぶ．

7列あるが，どこでも自由である[*20]．直交表に示された1と2の数字は，各因子の水準を表している．例えば，三つの因子（$A \sim C$）を列1～列3に割り付けた場合，No.1の実験については，列1に割り付けた因子Aを第1水準，列2に割り付けた因子Bを第1水準，列3に割り付けた因子Cを第1水準に設定し，実験を行い，結果を測定する（図3.28参照）．

No.8の実験については，列1に割り付けた因子Aを第2水準，列2に割り付けた因子Bを第2水準，列3に割り付けた因子Cを第1水準に設定し，実験を行い，結果を測定する．同様に，他の実験（No.2～No.6）についても，指定された実験の条件で実験を行い，結果を測定する．ただし，実際の実験については，実験順序をランダムに行うこととする（実験No.2 → 実験No.4 → 実験No.6 → … → 実験No.7 等）．

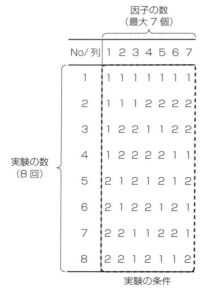

図 3.27　L_8 直交配列表　　　図 3.28　L_8 直交配列表による実験

[*20] 交互作用がある場合は自由ではない．

3.4 原因調査（特性要因図，実験計画法）

図 3.29 は本事例の因子四つを直交表に割り付け，実験を行った結果を表している．上述のとおり，実験はランダムに行うため，実験順序は上から順番とはならない．例えば，2 回目に行われた実験 No.4 についてみてみると，切削速度が 75 m/min，刃の種類が b，材料メーカーが A，角度が β で実験を行い，結果は 50.1 であったことを示している．

ここで直交配列表の仕組みについて述べる．例えば，因子 A の切削速度の効果を見たいとする（列 1）．この列において，1 と示されたのは因子 A の切削速度を 75 m/min にしたときの実験である．同様にこの列の 2 と示されたのは，因子 A の切削速度を 95 m/min にしたときの実験である．実験 No.1 〜 No.4 の実験結果は，因子 A の切削速度を 75 m/min にしたとき，実験 No.5 〜 No.8 の実験結果は，因子 A の切削速度を 95 m/min にしたときとなる［図 3.30 (a)，(b) 参照］．因子 A の切削速度の列 1 において，1 と示された箇所の他の列を見ると，

例えば，因子 D の刃の角度の列は，図のように 1 が二つと 2 が二つ示され

実験順序		No/列	A 1	B 2	3	4	D 5	6	C 7	実験結果
⑦	実験No.1	1	1	1	1	1	1	1	1	49.8
①	実験No.2	2	1	1	1	2	2	2	2	49.9
⑤	実験No.3	3	1	2	2	1	1	2	2	50.0
②	実験No.4	4	1	2	2	2	2	1	1	50.1
④	実験No.5	5	2	1	2	1	2	1	2	50.1
③	実験No.6	6	2	1	2	2	1	2	1	50.0
⑧	実験No.7	7	2	2	1	1	2	2	1	50.4
⑥	実験No.8	8	2	2	1	2	1	1	2	50.2

実験の条件

図 3.29 L_8 直交配列表による実験結果

100　第3章　生産現場の品質

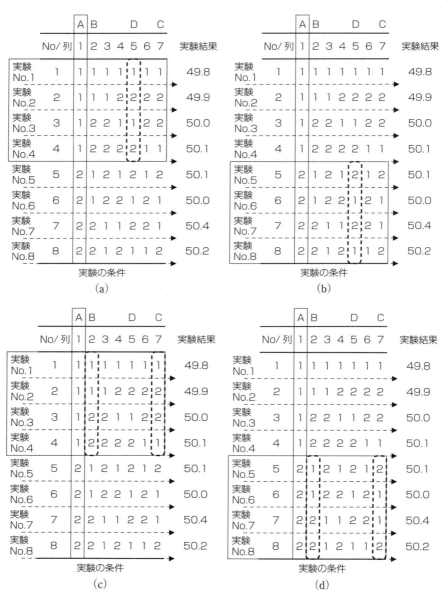

図3.30　実験結果の見方

ていることがわかる［同図 (a) 参照］．因子 A の切削速度の列 1 において，2 と示された箇所の因子 D の刃の角度の列は，同様に 1 が二つと 2 が二つ示されていることがわかる［同図 (b) 参照］．図 3.31 は 1 が二つ，2 が二つの解釈である．すなわち，異なる水準が同じ数含まれている因子についてはその因子の効果がないことになる．

さらにこの関係性は，すべての列について同様であり，直交表はどこかの列の 1 の部分に注目すると，他の列はすべて 1 が二つ，2 が二つ含まれるようにつくられている［同図 (c), (d) 参照］．

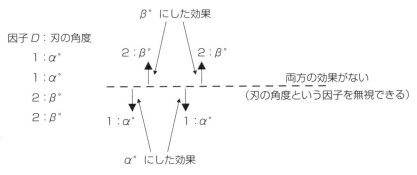

図 3.31 実験結果の解釈

以上のことから，図 3.32 (a) の実験結果について，因子 A の切削速度を 75 m/min にしたときの効果だけが四つ分入る．同様に，同図 (b) の実験結果について，因子 A の切削速度を 95 m/min にしたときの効果だけが四つ分入る．他の因子はすべて 1 と 2 が同数入り効果を打ち消しているため，実験 No.1～No.4 の実験結果と実験 No.5～No.8 の実験結果を比較することにより，因子 A の切削速度の効果を把握することができる（図 3.33 参照）．そして，その効果を統計的に判断するのが分散分析（補足事項 12 の⑤参照）である．

分散分析の結果，寸法に影響している因子が統計的に特定される．表 3.14 より，因子 A の切削速度，刃の種類が高度に有意，刃の角度が有意となる．

以上のことから，寸法に影響する因子と，寸法に影響するとはいえない因子

102　第3章　生産現場の品質

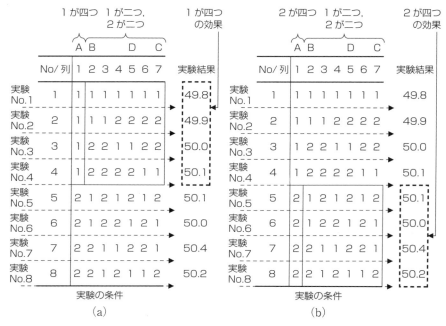

図 3.32　実験結果の意味

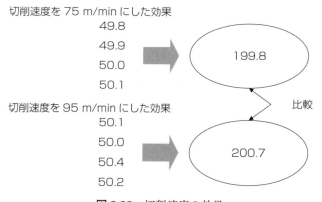

図 3.33　切削速度の効果

3.4 原因調査(特性要因図,実験計画法)

表3.14 分散分析結果の例

因　子	平方和 S	自由度 ϕ	分散 V	分散比 F_0
A：切削速度	0.10125	1	0.10125	81.0**
B：刃の種類	0.10125	1	0.10125	81.0**
C：材料メーカー	0.00125	1	0.00125	1.0
D：刃の角度	0.03125	1	0.03125	25.0*
誤差 e	0.00375	3	0.00125	—
計 T	0.23875	7		

に識別することができる.したがって,本事例においては,今後は三つの因子について集中的に管理することにより,特性となる寸法を管理することが可能となる.

【補足事項12：実験計画法手順】

L_8直交配列実験(交互作用なし)の手順,特に分数分析の詳細について述べる.

① 実験に取り上げる因子を設定(最大七つまで).
② 取り上げた因子について,二つの水準を設定
③ L_8直交配列表に因子割り付け
④ ランダムに実験を実施(8回)
⑤ 分散分析表を作成

各列の平方和を求め,各因子の変動を求める(表3.15参照).因子が割り付けられていていない列は,実験自体の変動として誤差 e と示す.

列1について解説すると,列1の平方和は,列1が1と示された実験(実験No.1〜No.4)結果の和と,2と示された実験(実験No.5〜No.8)結果の和との差を2乗し,総データ数(8)で除したものである.

※因子がすべての列に割り付いている場合は,分散分析後,変動が小さい列を誤差 e とする.

表 3.15 各因子の平方和と変動

因　子	A	B	e	e	D	e	C
列	1	2	3	4	5	6	7
第1水準の和 T_1	199.8	199.8	200.3	200.3	200.0	200.2	200.3
第2水準の和 T_2	200.7	200.7	200.2	200.2	200.5	200.3	200.2
総計 T	400.5						
$S(平方和) = \dfrac{(T_1 - T_2)^2}{総データ数}$	0.10125	0.10125	0.00125	0.00125	0.03125	0.00125	0.00125

はじめに次のような分散分析表を作成する（表 3.16）．

表 3.16 分散分析表の作成

因　子	平方和 S	自由度 ϕ	分散 V	分散比 F_0
A：切削速度 B：刃の種類 C：材料メーカー D：刃の角度 誤差 e				
計 T				

表 3.15 で求めた各列の平方和 S を表 3.16 に記入する（表 3.17 参照）．

※誤差 e については 3 列あるので，3 列分の平方和 S の和となる．

$$0.00125 + 0.00125 + 0.00125 = 0.00375$$

表 3.17 分散分析表への平方和の記入

因　子	平方和 S	自由度 ϕ	分散 V	分散比 F_0
A：切削速度	0.10125			
B：刃の種類	0.10125			
C：材料メーカー	0.00125			
D：刃の角度	0.03125			
誤差 e	0.00375			
計 T	0.23875			

自由度 ϕ を記入する．自由度 ϕ は一つの列の平方和 S につき 1 とする（表 3.18 参照）．

3.4 原因調査（特性要因図，実験計画法）

表 3.18 分散分析表への自由度の記入

因　子	平方和 S	自由度 ϕ	分散 V	分散比 F_0
A：切削速度	0.10125	1		
B：刃の種類	0.10125	1		
C：材料メーカー	0.00125	1		
D：刃の角度	0.03125	1		
誤差 e	0.00375	3		
計 T	0.23875	7		

平方和 S を自由度 ϕ で除して分散 V を求める（表3.19参照）．

※因子 A は $0.10125 \div 1 = 0.10125$ となる

表 3.19 分散分析表への分散の記入

因　子	平方和 S	自由度 ϕ	分散 V	分散比 F_0
A：切削速度	0.10125	1	0.10125	
B：刃の種類	0.10125	1	0.10125	
C：材料メーカー	0.00125	1	0.00125	
D：刃の角度	0.03125	1	0.03125	
誤差 e	0.00375	3	0.00125	
計 T	0.23875	7		

分散比 F_0 を求める．分散比 F_0 は，各因子の分散 V を誤差 e の分散 V で除す．すなわち，実験自体の誤差に対する各因子の効果を求める（表3.20参照）．

※因子 A の分散比 F_0 は $0.10125 \div 0.00125 = 81.0$ となる．

表 3.20 分散分析表への分散比の記入

因　子	平方和 S	自由度 ϕ	分散 V	分散比 F_0
A：切削速度	0.10125	1	0.10125	81.0
B：刃の種類	0.10125	1	0.10125	81.0
C：材料メーカー	0.00125	1	0.00125	1.0
D：刃の角度	0.03125	1	0.03125	25.0
誤差 e	0.00375	3	0.00125	—
計 T	0.23875	7		

最後に各因子の効果の大きさを統計的に判断する．各因子の効果の判断

については，F 表を用いる（付録の付表 2.〜付表 4. 参照）．該当する F 表の数字以上の場合は，その因子が特性について影響があると判断する．

※本事例の場合は，各因子の自由度が 1，誤差 e の自由度が 3 のため，F 表を参照（表 3.21 参照）し，数値が 10.1 以上の場合は影響がある（有意）と判断し［*（アスタリスク）マークを一つ付ける］，数値が 34.1 以上の場合は強い影響がある（高度に有意）と判断する（*マークを二つ付ける）．因子 A については，分散比が 81.0 のため，強い影響がある（高度に有意）と判断する（表 3.22 参照）．

表 3.21 F 表の見方

f_1 \ f_2	1	2	3	4	5	…
1	161 **4 052**	200 **5 000**	216 **5 403**	225 **5 625**	230 **5 764**	…
2	18.5 **98.5**	19.0 **99.0**	19.2 **99.2**	19.2 **99.2**	19.3 **99.3**	…
3	10.1 **34.1**	9.55 **30.8**	9.28 **29.5**	9.12 **28.7**	3.01 **28.2**	…
4	7.71 **21.2**	6.94 **18.0**	6.59 **16.7**	6.39 **16.0**	6.26 **15.5**	…
5	6.61 **16.3**	5.79 **13.3**	5.41 **12.1**	5.19 **11.4**	5.05 **11.0**	…
⋮	⋮	⋮	⋮	⋮	⋮	

表 3.22 分散分析表への各因子の影響度の記入

因 子	平方和 S	自由度 ϕ	分散 V	分散比 F_0
A：切削速度	0.10125	1	0.10125	81.0**
B：刃の種類	0.10125	1	0.10125	81.0**
C：材料メーカー	0.00125	1	0.00125	1.0
D：刃の角度	0.03125	1	0.03125	25.0*
誤差 e	0.00375	3	0.00125	—
計 T	0.23875	7		

※一般的な実験計画法については，分散分析後，最適水準の設定及び因子の効果の推定を行う．

3.5 まとめ（第4章へ）

本章では三つの観点（不適合品の把握，工程の状態の把握，原因調査）から生産現場の品質確保の方法を解説した．品質管理では"データ"で事実を表すことを大切にしている．そのため収集するデータについて的確に表現して分類することが重要となる．

データ収集のための方法として，チェックシートを解説し，5W1Hを明確にしてデータ収集することによって問題があったときのトレースのしやすさや，不適合品の項目の的確な分類によって改善箇所の特定につながることを解説した．データ収集の仕方によって効率よく改善箇所を把握し，迅速な改善に結び付くことを述べている．次に収集したデータをまとめ，優先順位を付けるための方法として，パレート図を解説した．これも適切な分類が前提となり，不適合項目の解決と全体への影響との関係を見ることができる．そしてそれをもとにどこから改善すればよいかが明らかになる．

品質管理では検査を厳しくして品質を確保するのではなく，品質を造り出している工程に着目し，工程を良い状態に保つことを主眼に置いている．そのために工程の状態を把握するQC手法を述べた．そして工程から造り出されるものは無限にあるため，統計学を活用して工程の状態を把握する．そのための基礎を押さえ，ヒストグラム及び管理図について述べた．

ヒストグラムは，工程の状態を分布としてとらえ，分布の形から工程の状態がどのような状態かを推測する．基本的には，分布が左右対称の山型の分布（正規分布）となるようにしていく．ヒストグラムは工程の状態を把握するのに適しており，頻繁に使用されるQC手法である．

次に工程の状態を時系列でとらえる管理図を解説した．ばらつきを管理限界線により二つの原因に分離することにより，手を打つべき箇所を的確に示して

くれる．また，管理図を用いる状況設定もされており，現在の状況に適した工程の管理が可能である．

　数値による工程の状態把握として，工程能力指数及び不適合品の発生確率を述べた．現状の工程状態把握に加えてばらつきを具体的にどの程度にすればよいかの目標値設定も行うことができる．

　最後に原因追究のQC手法として，特性要因図と実験計画法を解説した．工程の状態を把握した後は，具体的な原因追究となる．特性要因図は該当工程に関する知識を収集し，整理する手法である．これにより，品質に影響を及ぼす項目を列挙し，具体的な改善に移行する．その対象が作業方法となる場合もあるため，第2章で述べたIEともつながりが出てくることになる．特性について，列挙された要因が少数に絞られることは珍しく，多数の項目が列挙される．そのため効率の良い試行を行い，特性に影響する要因を探す必要がある．特に機械においては，多くの調整項目が存在するため，要因が多数あることが考えられる．実験計画法は，少ない実験回数で多くの知見を得ることに適した手法であり，本章ではL_8直交配列実験を解説した．

　最後に第2章と第3章との関係性について述べる．図3.34はある工程を対象とした現状把握から標準作業設定までの流れを示している．同図より，まずヒストグラムを作成し，工程の状態を把握する．一般型にならないため，特性要因図で原因の調査を行う．列挙された原因により，人が大きく影響するのであれば第2章のIE手法を中心に，機械が大きく影響するのであれば第3章のQC手法を中心に原因の詳細を考えることができる．そして改善実施後，再度ヒストグラムを作成し，一般型になることを確認する．一般型確認後，今度はばらつきを小さくし，工程能力指数の向上を目指し，IE及びQC手法を活用する．このように，生産性の追求と品質の確保を達成し，標準作業を造りこんでいく．

　第4章では，標準作業を時間値に変換する方法について解説する．

3.5 まとめ（第4章へ）

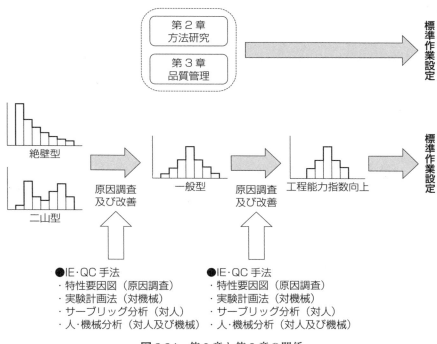

図 3.34　第2章と第3章の関係

● コラム 3　工程図と特性要因図

　特性要因図は QC 七つ道具の一つとしても取り上げられ，製造業だけでなくあらゆる現場の問題整理として活用されている．ここで特性要因図を考案した石川薫氏（故人）の著書の中で興味深い図がある（図 3.35 参照）．左に原材料，右に完成品が示され，工程図のように表現されている．現在，さまざまな専門書で取り上げられている特性要因図の要因については，4M（Man：人，Machine：機械，Material：材料，Method：方法）で描かれている．特性に影響する要因を整理するのが特性要因図であるから，人，機械，材料，方法というのはある種当然である．しかしながら，これが工程図と同様のものという観点から考えると，特性は製品，要因は工程ということとなる．すなわち，工程図の上から下への時間経過が，特性要因図の左から右への時間経過となる．

　以上のことから，工程図と同様に特性要因図をとらえると，左から右へ第 1 工程から最終工程へと進み，最終的に製品が完成する．すなわち，最終的な製品の品質に影響する要因を工程順に表したものが品質管理分野での工程図，特性要因図となる．

　同図をもとに思考すると，製品工程分析のように原材料から製品完成までの過程でどこに品質に影響するかを俯瞰した後，例えば，第 1 工程の作業者，第 3 工程の作業者，第 2 工程の機械と第 5 工程の機械というように要因が重なる．そのため，再度，特性要因図を作成すると最終的に 4M が主となりうるが，品質に影響する要因の時間的発生経緯をとらえるためには，同図のような特性要因図も効果的であると考える．

●コラム3　工程図と特性要因図

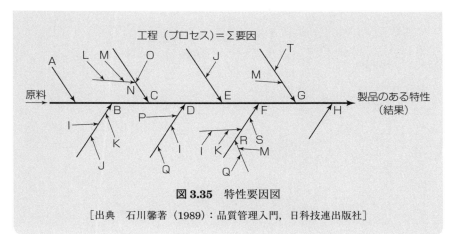

図 3.35　特性要因図

［出典　石川馨著（1989）：品質管理入門，日科技連出版社］

第4章　生産現場と生産管理の接点

　第2章及び第3章より，生産性の高い，かつ，品質の確保された作業方法が確立される．その作業方法は標準作業として確定される．標準作業により作業が実施されれば，ある一定の品質をある一定の作業時間で生産を完了させることができる．ある一定の品質とは工程から生産される製品のばらつきが小さく，工程能力指数が高い数値を示すことである．そして，ある一定の作業時間というのが本章で解説する標準時間である．この標準時間により"作業＝時間"となり，計画業務の基礎的な資料となる．

4.1　標準時間の構成

　JIS生産管理用語では，標準時間とは"その仕事に適性をもち，習熟した作業者が，所定の作業条件のもとで，必要な余裕をもち，正常な作業ペースによって仕事を遂行するために必要とされる時間．"（用語番号：5502）と定義されている．標準時間の構成は"正味時間＋余裕時間"である．"正味時間"とは，規則的及び周期的に繰り返される作業時間であり，"余裕時間"とは不規則的・偶発的に発生し作業遂行に必要な遅れの時間である[21]．図4.1は標準時間の構成と本章で適用する手法との関係である．本章では，正味時間についてストップウォッチ法による時間研究を用いて求め，余裕時間について瞬間観測法による稼働分析を用いて求める．

　標準時間を設定する対象となる作業は，準備段取作業と主体作業である（図

---

[21] JIS生産管理用語では，正味時間とは"主体作業，準備段取作業を遂行するために直接必要な時間．"（用語番号：5503）と定義され，余裕時間とは"作業を遂行するために必要と認められる遅れの時間．"（用語番号：5504）と定義されている．

図 4.1 標準時間の構成と"生産現場と生産管理の接点"で用いる手法

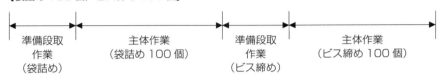

図 4.2 準備段取作業と主体作業

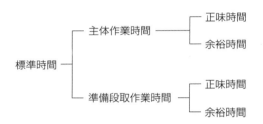

図 4.3 標準時間と対象作業の関係

4.2 参照).準備段取作業とは,生産ロットごとに発生し,主体作業を行うために必要な作業であり,主体作業とは,繰り返し性があり,製品の生産に直接的に必要な作業である.以上のことから,標準時間は図 4.3 のような構成となる(JIS 生産管理用語"標準時間"の備考 1).本章では主体作業を対象とした標準時間の設定について述べる.

4.2 正味時間の求め方

正味時間の対象は上述のとおり,規則的及び周期的に発生する.そのため対象作業を観測し,それをもとに求めることが可能である.正味時間を設定する

4.2 正味時間の求め方

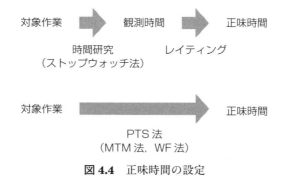

図 4.4 正味時間の設定

方法として，大きく二つに分類できる（図 4.4 参照）．一つはストップウォッチ等を用いて，対象作業を直接観測して時間値を求める方法である．これを時間研究（ストップウォッチ法）という．ただし，この場合は作業スピードが観測対象者に依存するため，作業スピードの調整が観測後に必要となる．これをレイティングという．もう一つはあらかじめ動作に紐付けられた作業時間表を用い，対象作業の動きに対して間接的に時間を割り付ける方法である．これをPTS 法（Predetermined Time Standard system：既定時間標準法）という．

この方法は動作の扱い方により，多くの方法が存在する[22]．この方法の良い点はレイティングによる調整を必要としないことであるが，悪い点はこの方法自体を用いるため訓練を要することである．ストップウォッチ法による正味時間設定は，最も伝統的なものであるが，実際の現場を観測するという点で副次的効果の大きいものである．例えば，観測の際に起こるさまざまな現象の認識，観測を通しての時間値としてのばらつきの把握，レイティングによる適正スピードの決定と品質への意識の確認等があげられる．時間値設定のみを考えると，回り道をしているように感じるが，生産現場の理解には有意義な発見の多い手法であるといえる．ここでは時間研究（ストップウォッチ法）による正味時間設定を述べる．

---

[22] PTS 法の代表的なものとして，MTM 法（Method Time Measurement system）やWF 法（Work Factor method）がある．

4.2.1 対象作業の分割

時間研究の対象作業は，第2章のサーブリッグ分析と同様，袋詰め作業とする．はじめに対象となる作業を要素作業に分割する．図4.5は袋詰め作業を要素作業に分割したものである．要素作業1について製品を袋に入れるとし，要素作業2について取扱説明書を袋に入れるとしている．これは対象をいくつかの構成要素に分けることにより，対象作業への理解と，どのような作業にばらつきが出やすいかを考えるきっかけとなる．これにより，一つひとつの構成要素にばらつきがあるのか，ある特定の構成要素にのみばらつきがあるのかの判別もできる．そして観測後は要素作業ごとに時間値が求まるため，時間という観点でばらつきの大きい要素作業を見つけることができる．さらに，ばらつきの大きい要素作業に対して，第2章で解説したサーブリッグ分析を行うことも作業方法の安定化につながる．すなわち，時間研究は適正な作業方法追求の楔ともなりうる．作業を分割するポイントとしては，分割後測定を行うため，測定に耐えられる程度の時間的長さが必要である[*23]．

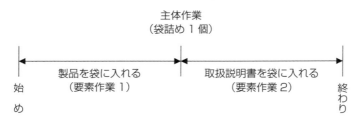

図 4.5　対象作業と要素作業

4.2.2 観測の実施

前項で分割した作業をもとに観測を行う．まず観測対象となる作業者については，標準時間の定義の部分にもあるが，ある程度対象作業に慣れた作業者である必要がある．一般的に作業者は，作業を繰り返すことによって習熟し，安

[*23] 一般的に2～3秒では観測用紙への記入が困難になるため，10秒程度といわれている．

4.2 正味時間の求め方

定する*24．作業を始めたばかりの作業者を観測対象とすると，観測時間に大きなばらつきが生じ，実態を伴わない標準時間設定となるおそれがある．したがって，観測対象者の選定にはある程度作業に習熟した作業者とする．

作業の時間値観測にはストップウォッチを用いる*25．ストップウォッチの使い方として，作業観測する間はストップウォッチを止めない方法（継続法）とストップウォッチを止めながら観測する方法（早戻法）などがあるが，本書では継続法を取り上げる．次に，対象作業について，ストップウォッチで読み取る測定ポイントを決定する（図4.6参照）．測定ポイントは要素作業ごとに決める必要がある．継続法は測定ポイントとなったらストップウォッチを止めずに表示を読み取り，観測用紙に記入する．したがって，測定ポイントを的確に把握しておくことが大切である．本事例においては，要素作業1の終了として，製品を袋の中に入れ，袋から手が出てきた瞬間を測定ポイントとしている．この測定ポイントは同時に要素作業2の開始となる．要素作業2の終了として，

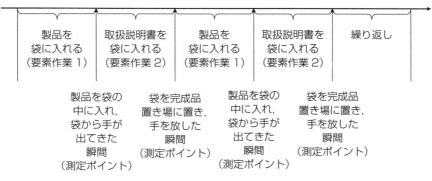

図 4.6 要素作業と測定ポイントの関係

---

*24 JIS生産管理用語では，習熟とは"同じ作業を何回も繰り返すことによって，作業に対する慣れ，動作や作業方法の改善によって次第に作業時間が減少していく現象."（用語番号：5510）と定義されている．

*25 ストップウォッチは，1分を100分の1目盛（DM：デシマルミニッツ）に分割した機器を使用する場合があるが，ここでは通常のストップウォッチ［60分の1目盛（秒）］を使用することとする．

取扱説明書を袋の中に入れた後，袋を完成品置き場に置き，手を放した瞬間を測定ポイントとしている．この測定ポイントは同時に要素作業1の開始となる．したがって，観測開始は要素作業2の終了時点となる．

表4.1は，袋詰め作業の観測結果である．対象作業に対して10サイクル観測を行っている．同表中①の"0"は観測開始時を示している．これはストップウォッチを押してスタートさせた表示（要素作業2の終了時点）である．観測者は，対象作業が測定ポイントになったとき，ストップウォッチから表示を読み取り，要素作業1の通し欄に"7"と記入している．観測時に記入する欄は同表中②の通し欄である．この手順で，対象作業が10サイクル終了するまで観測を行い，観測後，ストップウォッチを止める．

表 4.1　袋詰め作業の観測結果

No.	要素作業		0	1	2	3	4	5	6	7	8	9	10
1	製品を袋に入れる	個別											
		通し		7	15	22	31	39	49	61	69	79	86
2	取扱説明書を袋に入れる	個別											
		通し		12	20	28	36	43	54	67	75	84	91

4.2.3　集　　計

観測後，要素作業ごとに集計を行う．継続法はストップウォッチを止めずに行うため，10サイクル目の要素作業2の観測ポイント，袋を完成品置き場に置き，手を放した瞬間の表示（91）から，一つ前の観測ポイントの表示（86）を引き算し，個別の要素作業の時間を求める．具体的には，10サイクル目の要素作業2の個別時間は"91－86"より5秒となる．これを繰り返し，要素作業の個別の時間値を求める［最後は，7－0（観測開始時）］．なお，記入は個別欄にする（表4.2参照）．

4.2 正味時間の求め方

表 4.2 個別の計算

No.	要素作業		0	1	2	3	4	5	6	7	8	9	10
1	製品を袋に入れる	個別		7	3	2	3	3	6	7	2	4	2
		通し		7	15	22	31	39	49	61	69	79	86
2	取扱説明書を袋に入れる	個別		5	5	6	5	4	5	6	6	5	5
		通し		12	20	28	36	43	54	67	75	84	91

すべての個別欄の記入が済んだら，各要素作業の個別欄に目を向け，異常値を除去していく．ここでいう異常値は，通常の作業時には起こらないことが起こった場合であり，たまたま観測中に起こってしまった異常である．それ以外については，異常とは認められず，単に作業時間のばらつきとなる．次に，異常値を取り除いた要素作業の個別時間に対して，最大値，最小値，平均値を求める．ここで最大値と最小値に大きく差がある場合は，上述のようにサーブリッグ分析の対象とし，作業方法の安定化を検討する．表 4.3 は袋詰め作業の結果であるが，要素作業 1 の製品を袋に入れる作業におけるばらつきが大きい（最大値と最小値の差が大きい）ため，サーブリッグ分析の対象となりうる．

以上のように，時間研究は動作という観点ではなく，時間という観点から再度作業について見つめ直すことができる[26]．

表 4.3 最大，最小，平均の計算

No.	要素作業		0	1	2	…	9	10	最大 最小	合計 回数	平均	レイティング係数
1	製品を袋に入れる	個別		7	3		4	2	7	39	3.9	
		通し		7	15		79	86	2	10		
2	取扱説明書を袋に入れる	個別		5	5		5	5	6	52	5.2	
		通し		12	20		84	91	4	10		

---

[26] 各要素作業に対して標準偏差（本書の第 3 章）を求め，ばらつきの大きい作業を把握してもよい．

4.2.4 レイティングの考慮

標準時間は正常な作業ペースというのが設定の条件である．したがって，上記の観測対象者が，正常な作業ペースにあたるかどうかを検討する必要がある．これをレイティングといい，その係数を式(4.1) より求めることができる（表4.4 参照）．具体的には，例えば，観測対象者が通常の作業スピードより速いのであれば，レイティング係数を大きくし，正味時間を観測時間より長くする．以上のことから，正味時間が設定される．本事例の袋詰め作業においては，対象となる作業者が10%程度，基準とするペースより早いという判断に至り，レイティング係数を 1.1 として，各要素作業に加え，正味時間を算出する．

以上のことより，本事例では 10.01 秒という正味時間が設定される．

$$観測時間 \times レイティング係数 = 正味時間$$
$$レイティング係数 = \frac{基準とするペース}{観測作業ペース} \quad \cdots\cdots\cdots (4.1)$$

表4.4 レイティングを考慮した正味時間の設定

9	10	最大	合計	平均	レイティング係数
		最小	回数		
4	2	7	39	3.9	1.1
79	86	2	10		
5	5	6	52	5.2	1.1
84	91	4	10		

正味時間 ＝ (3.9 × 1.1) ＋ (5.2 × 1.1) ＝ 10.01

【補足事項 13：ストップウォッチ法手順】

① 対象作業者の選定
② 対象作業を測定可能な単位に分割
　※図 4.7 は作業の分割単位と分析手法の関係である．作業の分割は，測定後の活用の仕方により決定すべきである．正味時間は作業を分

割した単位で設定される．したがって，測定したときの対象製品とは全く異なる製品の作業であっても，構成要素を見ることにより，設定した時間値を適用できる．このように，他の作業の時間値設定にも活用する場合は，その活用を見越して作業を分割すべきである．さまざまな作業の時間値設定のための基礎資料を整備することを"標準時間資料法"という．

区　分	工　程	単位作業	要素作業	動素 (サーブリッグ単位)
作業内容	加工	取付け 荒削り 仕上削り 取外し	スイッチを押し始動する バイトを品物に当てる 切削する バイトを戻す	ハンドルに手を伸ばす ハンドルをつかむ ハンドルを回す ハンドルを放す
分析手法	工程分析	時間研究		動作研究

図 4.7 作業の分割単位と分析手法

(出典：並木高矣・倉持茂，作業研究，日刊工業新聞社，1970)

※ JIS 生産管理用語では，要素作業とは"単位作業を構成する要素で，目的別に区分される最小の一連の動作又は作業."（用語番号：5110）と定義され，単位作業とは"一つの作業目的を遂行する最小の作業区分."（用語番号：5109）と定義されている．サーブリッグについては第 2 章を参照されたい．

③　測定及び集計
④　ばらつきの大きい要素作業の原因把握及び動作研究適用の検討
⑤　各要素作業に対して，レイティングの考慮
⑥　正味時間の設定

4.3 余裕時間の求め方

"余裕"とは,避けられない遅れの時間のことであり,作業には必要不可欠なものである[*27].余裕という表現が良いか悪いか議論はあるが,質の高い生産を行うためには欠かすことのできないものである.余裕には大きく2種類ある(図4.8参照).一つが管理的な要因により発生する余裕,これを管理余裕という.もう一つが人的要因により発生する余裕,これを人的余裕という.すなわち,余裕と一口にいっても,どのような原因に起因するかを的確に分類することが大切であり,その分類により,職場状況の的確な把握につながる.さらに管理余裕は,作業により発生する"作業余裕"と,職場環境により発生する"職場余裕"に分けられ,"人的余裕"は,作業者の疲労回復に基づく"疲労余裕"とトイレ等の生理的な理由に基づく"用達余裕"に分けられる(表4.5

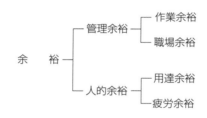

図 4.8 余裕の構成

表 4.5 余裕の種類

余裕の種類	内容
作業余裕	機械調整,機械への注油,切粉の不定期処理,作業域の整理,工具の研磨や交換,工具の借入や返却,図面読み,加工品の整理,清掃など
職場余裕	朝礼,連絡打合せ,伝票扱い,始終業時の職場清掃,材料,製品運搬,短時間の仕事や材料待ち,作業指導,職場打合せなど
用達余裕	用便,水飲み,汗拭き
疲労余裕	一時休憩

[*27] JIS 生産管理用語では,余裕とは"作業に関して不規則・偶発的に発生する必要な行動で,作業を遂行するうえでの避けられない遅れ."(用語番号:5108)と定義されている.

4.3 余裕時間の求め方

参照).

　上記の余裕の特徴は，不規則的に発生することである．規則的に繰り返し性のある正味時間と異なり，不規則に発生するため直接的に観測し，時間値を求めることは困難である．例えば，疲労余裕であれば，対象者の疲労度を常に注視し，どれぐらいの回復時間を要するかを測定することは不可能である．そのため余裕は割合として与えることとなる．これを"余裕率"という．余裕率は分母の与え方より，二種類の表現がある（図4.9参照）．一つが"外掛法"，もう一つが"内掛法"である．したがって"余裕率〇〇％"といっても分母が異なるため，余裕率を表現する場合は，どちらの方法によるものかも明記する必要がある（詳細は補足事項14，次ページを参照）．

　余裕率を決定する方法として"稼働分析"がある[28]．稼働分析には，対象を観測期間中に観測時刻ごとに観測者を瞬間的に見て判断する"瞬間観測法"と対象を観測期間中ずっと観測する"連続観測法"の2種類がある．この二つの方法はそれぞれに利点と欠点がある．瞬間観測法は，同時に複数の作業者

（1）外掛法

$$余裕率 = \frac{余裕時間}{正味時間}$$

標準時間 ＝ 正味時間（1＋余裕率）

（2）内掛法

$$余裕率 = \frac{余裕時間}{余裕時間 + 正味時間}$$

$$標準時間 = 正味時間 \times \left\{ \frac{1}{(1-余裕率)} \right\}$$

図 **4.9**　余裕の表し方

---

[28] JIS 生産管理用語では，稼働分析とは"作業者又は機械設備の稼働率若しくは稼働内容の時間構成比率を求める手法."（用語番号：5210）と定義されている．

又は機械を対象とすることができるが，あくまで瞬間的にとらえた状況を積み上げることになるため，多少なりとも実態と集計されたデータに誤差が出る．連続観測法は，ある特定の作業者又は機械の実態について精度良く把握することに適しているが，観測対象が限られた範囲となる．職場全体の様子を把握することを目的とした場合は瞬間観測法が適していて，ある特定の機械の稼働状況等，対象の詳細な把握を目的とした場合は連続観測法が適している．本書では瞬間観測法による稼働分析を述べる．

【補足事項14：余裕率の計算手順】
　標準時間の構成は"正味時間＋余裕時間"である．この標準時間の式の構成になるように，外掛法及び内掛法における余裕率は割合を設定している．式(4.2)，式(4.3) を見ると，外掛法の標準時間を求める式が正味時間に余裕率を加える形で単純であり，余裕率をみると，内掛法の表し方が全体に対する比という形で考えやすく感じる．しかしながら，次式の展開となるため，外掛法には外掛法の余裕率の構造が，内掛法には内掛法の式の形式を用いることが必要である．

(1) 外掛法

$$
\left.
\begin{aligned}
&余裕率 = \frac{余}{正} \\
&標準時間 = 正 \times (1 + 余裕率) \\
&\quad ※余裕率を代入して，式を展開 \\
&標準時間 = (正 \times 1) + \left(正 \times \frac{余}{正}\right)
\end{aligned}
\right\} \cdots\cdots\cdots\cdots (4.2)
$$

標準時間＝正＋余

　※正：正味時間，余：余裕時間

(2) 内掛法

$$余裕率 = \frac{余}{正 + 余}$$

$$標準時間 = 正 \times \left\{ \frac{1}{(1-余裕率)} \right\}$$

※余裕率を代入して，式を展開

$$標準時間 = 正 \times \left\{ \frac{1}{\left(1 - \dfrac{余}{正+余}\right)} \right\}$$

$$標準時間 = 正 \times \left\{ \frac{1}{\left(\dfrac{(正+余)-余}{正+余}\right)} \right\}$$

$$標準時間 = 正 \times \left\{ \frac{1}{\left(\dfrac{正}{正+余}\right)} \right\} \quad \cdots\cdots (4.3)$$

$$標準時間 = 正 \times \left\{ \frac{1 \times (正+余)}{\left(\dfrac{正}{正+余}\right) \times \cancel{(正+余)}} \right\}$$

$$標準時間 = \cancel{正} \times \left\{ \frac{(正+余)}{\cancel{正}} \right\}$$

$$標準時間 = 正 + 余$$

※正：正味時間，余：余裕時間

4.3.1 観測項目の決定（予備調査）

 稼働分析の対象は，第2章の鞄を製造している職場とし，時間研究によりポケットを縫製する正味時間が1.8分と設定されたとする．稼働分析を行うためには，観測対象をあらかじめ観測し，観測項目を設定しなければならない．そのために予備調査を行い，観測対象の作業を理解する必要がある．特に瞬間観測法は，対象を見て瞬間的に何を行っているかを判断し，観測項目にチェックをするため，予備調査は念入りに行う必要がある．

 以上のことより，設定された観測項目は，作業の性質により表4.6のように

表 4.6 観測項目の設定の例

観測項目		
主体作業	主作業	縫製
		金具取付け
		外観検査
	付随作業	部品運び
		ミシン操作
準備段取作業		部品準備
		ミシン準備
		部品箱運搬
		部品整理
		清掃
余裕	管理余裕	作業余裕	ミシン調整
			ミシン調整具運搬
			作業中清掃
		職場余裕	部品待ち
			治工具待ち
			他職場応援
			作業指示
			打合せ
	人的余裕	用達余裕	トイレ
			汗拭き
		疲労余裕	休憩

分類される．まず大分類として主体作業，準備段取作業，余裕がある．主体作業はさらに対象に変化を与えている主作業と，それに付随して起こる付随作業に分類される（補足事項15, 131ページ参照）．余裕については，表4.5に示した分類となる．

4.3.2 観測の実施

瞬間観測法は，瞬間的に対象を見て観測用紙に記入していく．観測回数につ

いては，稼働分析を行う目的によって異なる．表 4.7 は目的別の目安としての観測回数である[*29]．例えば，700 回の観測を 5 日間で行うとすれば，1 日 140 回となり，1 日 7 時間の場合，1 時間に 20 回の観測，すなわち，3 分に 1 回の観測となる．したがって，観測用紙の観測時刻欄に，例えば，10 時台であれば，10：00，10：03，10：06，… と書き入れ，その時刻になったら対象を見て，瞬間的に記入する．これを繰り返すこととなる．

なお，観測対象は複数でも構わないが，観測対象ごとの詳細な状況を把握することが目的の場合は，観測対象の人数分観測用紙を用意し，観測対象者ごとに観測用紙を分けて記入し，集計する必要がある．特に観測対象ごとに分ける必要がない場合は，1 枚の観測用紙に対してチェックをしていけばよい．その場合，例えば，観測対象が 3 名であれば，ある観測時刻の縦列に，三つチェックが入る（表 4.8 参照）．

表 4.7 観測回数の目安

観測目的	観測回数
予備調査	200 〜 700
問題点の調査	800 〜 2 200
作業改善	800 〜 4 000
余裕率の決定	2 000 〜 4 500

［出典　藤田彰久（1978）：新版 IE の基礎，建帛社］

4.3.3　集　　計

観測後，観測項目別に割合を求める（表 4.9 参照）．次に大分類（主体作業，準備段取作業，余裕）で割合を求める．次に余裕率の算出を行う．ここでは主体作業及び準備段取作業に分類された観測項目を正味時間とし，余裕に分類された観測項目を余裕時間としてとらえることとする．また，図 4.3（114 ページ）の意味合いから考えると，主体作業時に発生している正味時間と余裕時間，

[*29] 観測回数は発生確率，誤差等を考慮して統計的に求めることもできる（本書では解説しない）．

準備段取作業時に発生している正味時間と余裕時間というように分類されている．したがって，明らかに主体作業と準備段取作業で余裕の発生頻度が異なる場合は，主体作業時に発生した余裕と，準備段取作業時に発生した余裕とを分類できるように観測用紙を作成する（表4.10参照）．ここでは同程度の割合ととらえ，設定することとする．

集計より，主体作業が743，準備段取作業が116，余裕が103となっている．外掛法及び内掛法の余裕率算出を求める式に代入すると式(4.4)，式(4.5)となる．

表4.8 観測用紙の例（3名対象）

観測項目			10:00	10:03	10:06	10:09	10:12	…
主体作業	主作業	縫製	//		///			
		金具取付け		/				
		外観検査						
	付随作業	部品運び						
		ミシン操作	/					
準備段取作業		部品準備						
		ミシン準備						
		部品箱運搬						
		部品整理						
		清掃						
余裕	管理余裕	作業余裕	ミシン調整		/			
			ミシン調整具運搬					
			作業中清掃					
		職場余裕	部品待ち					
			治工具待ち					
			他職場応援					
			作業指示					
			打合せ					
	人的余裕	用達余裕	トイレ					
			汗拭き					
		疲労余裕	休憩					

4.3 余裕時間の求め方

表 4.9 観測結果の例

観測項目			度数	割合(%)	度数	割合(%)
主体作業	主作業	縫 製	264	27.4	743	77.2
		金具取付け	172	17.9		
		外観検査	98	10.2		
	付随作業	部品運び	106	11.0		
		ミシン操作	103	10.7		
準備段取作業		部品準備	33	3.4	116	12.1
		ミシン準備	22	2.3		
		部品箱運搬	24	2.5		
		部品整理	23	2.4		
		清 掃	14	1.5		
余 裕	管理余裕	作業余裕	ミシン調整	25	2.6	103	10.7
			ミシン調整具運搬	8	0.8		
			作業中清掃	9	0.9		
		職場余裕	部品待ち	17	1.8		
			治工具待ち	14	1.5		
			他職場応援	9	0.9		
			作業指示	6	0.6		
			打合せ	5	0.5		
	人的余裕	用達余裕	トイレ	7	0.7		
			汗拭き	1	0.1		
		疲労余裕	休 憩	2	0.2		

(1) 外掛法

$$\frac{余裕}{主体作業+準備段取作業} = \frac{103}{743+116}$$

$$= 0.1199 ≒ 12.0 \,(\%) \quad\cdots\cdots\cdots\cdots\cdots\cdots\cdots\cdots\cdots\cdots (4.4)$$

(2) 内掛法

$$\frac{余裕}{主体作業+準備段取作業+余裕} = \frac{103}{743+116+103}$$

$$= 0.10706 ≒ 10.7 \,(\%) \quad\cdots\cdots\cdots\cdots\cdots\cdots\cdots\cdots (4.5)$$

表 4.10　観測用紙の例

主体作業	主作業	縫　製
		金具取付け
		外観検査
	付随作業	部品運び
		ミシン操作
準備段取作業		部品準備
		ミシン準備
		部品箱運搬
		部品整理
		清　掃
余　裕 （主体作業）	管理余裕	作業余裕	ミシン調整
			ミシン調整具運搬
			作業中清掃
		職場余裕	部品待ち
			治工具待ち
			他職場応援
			作業指示
			打合せ
	人的余裕	用達余裕	トイレ
			汗拭き
		疲労余裕	休　憩
余　裕 （準備段取作業）	管理余裕	作業余裕	ミシン調整
			ミシン調整具運搬
			作業中清掃
		職場余裕	部品待ち
			治工具待ち
			他職場応援
			作業指示
			打合せ
	人的余裕	用達余裕	トイレ
			汗拭き
		疲労余裕	休　憩

以上のことより，余裕率（外掛法）12.0％，余裕率（内掛法）10.7％となり，稼働分析結果より，余裕率を求めることができる．

4.4 標準時間の設定

4.2 節，4.3 節より，正味時間と余裕率が設定されたため，標準時間を求めることができる．ポケットを縫製する正味時間が 1.8 分と設定されているため，式(4.6)，式(4.7) で標準時間を求めることができる．

（1）余裕率（外掛法）

$$\text{標準時間} = \text{正} \times (1 + \text{余裕率}) = 1.8 \times (1 + 0.12) = 2.016 \quad \cdots (4.6)$$

（2）余裕率（内掛法）

$$\text{標準時間} = \text{正} \times \left\{ \frac{1}{(1 - \text{余裕率})} \right\} = 1.8 \times \left\{ \frac{1}{(1 - 0.107)} \right\}$$
$$= 2.016 \quad \cdots\cdots\cdots\cdots\cdots\cdots\cdots\cdots\cdots\cdots (4.7)$$

※外掛法，内掛法とも，同じ標準時間を設定することができる．

【補足事項 15：瞬間観測法手順】

① 予備観測

※対象作業者又は機械に対して，観測項目を決定する（図 4.10 参照）．

観測項目の表現について，例えば，単に"手待ち"でなく，材料待ち，機械加工終了待ちなど，どのような理由による手待ちまで表現する．特に稼働分析を使用する目的が現場改善の場合は，原因を的確に把握することが必要不可欠となるため，観測項目の表現は特に気を付ける事項である．

また，観測を複数の人間で行う場合は，一つの現象に対して異なる観測項目にチェックをしてしまっては，正しい現状把握とはならないので，あらかじめチェックに戸惑いそうな観測項目には，観測者どうしで確認が必要である．

さらに同じ観測名の場合であっても，正規の作業サイクルであれば，主体作業の枠となるし，不規則的に発生しているのであれば余裕の枠に記載されるため，この点にも注意が必要となる．

人の全行動
- 主体作業：製品の生産に関連する正規の作業で，原則として毎回繰り返される規則性のある作業
  この主体作業は，さらに主作業と付随作業に分かれる
  - 主 作 業：手作業や機械加工など実際の生産に直結する作業
  - 付随作業：材料の取付け取外し，工具や機械操作など，実際の生産に付随する作業
- 準備段取作業：特定の作業を行うために発生する1ロット又は1日に1回行われる準備や段取を行う作業
- 余　　裕：注油や工具の交換，打合せ，掃除など，規則性のない作業や行動で，生産するうえでの避けられない遅れ．余裕は，作業余裕，職場余裕，用達余裕，疲労余裕に分かれる
  - 作業余裕：機械調整，加工品運搬など，作業中に起こる余裕
  - 職場余裕：伝票整理，手待ち，打合せなど，職場環境による余裕
  - 用達余裕：便所など，生理的な余裕
  - 疲労余裕：一時休憩など，疲労を回復するのに必要な余裕
- 除外動作：健康診断，大掃除などまれに起こる本来の行為以外のもの

機械の動き
- 作　業：
  - 主 作 業：機械手動切削，機械自動切削など
  - 付随作業：加工品扱い（取付け，取外し），機械工具扱いなど
- 停　止：
  - 他作業従事，休憩など
  - 遊休・故障など

図 4.10 対象作業者及び機械に対する観測項目

4.4 標準時間の設定

② 観測実施（図 4.11 参照）

※観測者は，観測対象を見て瞬間的に判断して観測用紙に記入する．

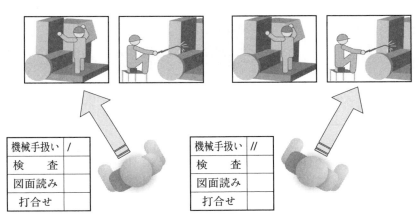

図 4.11 観測実施の例

③ 集　計

※合計を算出して各観測項目の割合を求める（表 4.11 参照）．

表 4.11 観測用紙の例

観測項目			度数	割合(%)	度数	割合(%)
主体作業	主作業	縫製	264	27.4		
		金具取付け	172	17.9		
		外観検査	98	10.2		
	付随作業	部品運び	106	106÷962		
		ミシン操作	103			
準備段取作業		部品準備	33			
		ミシン準備	22			
		部品箱運搬	24			
		部品整理	23			
		清掃	14			
余裕	管理余裕	ミシン調整	25			
	作業余裕	ミシン調整具運搬	8			
		作業中清掃	9			

表 4.11 （つづき）

余裕 （つづき）	管理余裕 （つづき）	職場余裕	部品待ち	17		
			治工具待ち	14		
			他職場応援	9		
			作業指示	6		
			打合せ	5		
	人的余裕	用達余裕	トイレ	7		
			汗拭き	1		
		疲労余裕	休　憩	2		

④　観測結果をもとに考察

※本章では余裕率設定に焦点を当てているが，各観測項目の割合から作業改善を考えることができる．例えば，主体作業で見ると高い割合であっても，実際に付加価値を与える主作業の割合が低い場合がある．これは主作業に付随して起こる取付け取外しなどの付随作業の割合が大きいことが理由となる．この原因は，作業時の動作の大きさなどに起因する場合がある．また，不規則な運搬の多さなどは作業余裕の項目に反映される．

　以上のように，稼働分析結果から，現在起こっている生産現場の状況を把握することが可能である．

　なお，稼働率は式(4.8)で求めることができるが，稼働率は何をもってその高低をいうかは困難であり，また上述のように主体作業の中身の割合が問題である．

$$稼働率 = \frac{主体作業回数 + 準備段作業回数}{全観測回数} \quad \cdots\cdots\cdots\cdots (4.8)$$

4.5　まとめ（第 5 章へ）

本章では，標準作業に対して，標準時間を設定する方法を述べた．まず"標準時間"は規則的な作業サイクルの時間値である"正味時間"と不規則に起こ

4.5 まとめ（第5章へ）

る"余裕時間"から構成される．"正味時間"は規則的に作業がされるため，観測することが可能であり，時間研究により正味時間を設定する．"余裕時間"は不規則に発生するため，直接設定し加えることは困難である．したがって，稼働分析より割合（余裕率）を求め，正味時間に付加する．以上のことから，作業を時間値に変換することができる．

　正味時間を設定するときに用いた時間研究は，時間という観点から作業について考察を加えることができる．作業を分割し，構成要素ごとに時間値を求めるため，どの構成要素にばらつきが大きいかを見極めることができる．そしてばらつきの大きいものにはサーブリッグ分析により動作の改善をすることが可能である．

　余裕時間を設定するときに用いた"稼働分析"は，職場の全体の状況を割合としてとらえることができる．したがって，本章では余裕率設定のために解説したが，稼働分析は現状把握に最適なものであり，稼働分析結果をもとに改善のターゲットを設定することができる．特に観測項目別に割合で表現されるため，目標値の設定にも適しているといえる．さらに第2章で解説した動作研究，製品工程分析，運搬分析と連携することにより，稼働分析から実際の作業方法の把握まで行うことができる（図4.12参照）．

　標準時間は標準作業から求められる．標準作業は，生産性と品質の両面から設定される．標準作業を確実に設定することにより，生産性と品質を造りこむことにつながる．そして標準作業が確実に行われているかは，標準時間どおりに生産が行われ，生産数を満たしているかを見ればよい．すなわち，標準時間は生産現場における管理の中心となることがわかる．

　ここで，生産現場を管理する生産管理は，生産現場と顧客との間に位置付く．生産管理は，顧客の納期を満たすため，生産現場の作業時間を正確に把握しておく必要がある．標準時間はこのための基礎資料となる．

　第5章では生産計画作成を中心に，生産管理の基本概念を解説する．

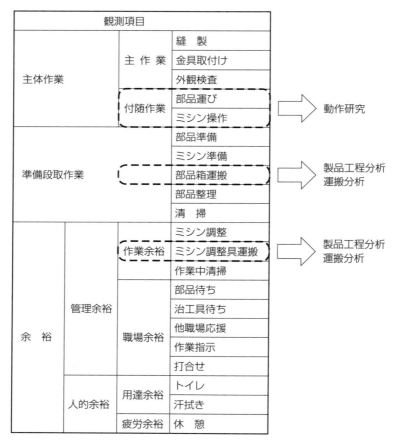

図 4.12 稼働分析と各種手法との関係

●コラム 4　標準時間と標準原価計算

　第4章で求めた標準時間は，標準原価計算においても活用される．標準原価計算は標準原価を設定し，実際の生産後に求まる実際原価と比較することにより，原価という視点から生産活動を管理・統制するために用いられる．具体的には，標準原価と実際原価との差異分析をすることにより，PDCA（Plan：計画，Do：実施，Check：点検，Act：処置）の管理サイクルを回すことができる．標準を設定し，それを遵守していく活動という意味では，作業管理における標準作業と標準時間，品質管理における標準値（管理図）等と同様である．

　作業の標準時間が影響を及ぼすのは，標準直接労務費の設定となる［以下の3式を参照，参考：『管理会計 基礎編』（櫻井通晴著，同文舘出版，2010）］．標準原価の特徴としては，生産現場の作業以外にも原因が考えることができる．図4.13は，標準作業，標準値，標準時間，標準原価の関係を示したものである．作業の結果として，時間，値，原価が算定されることがわかる．

　　　標準直接材料費＝標準消費量×標準価格
　　　標準直接労務費＝標準直接作業時間×標準賃率
　　　標準製造間接費＝部門別予定配賦率×許容標準配賦基準数値

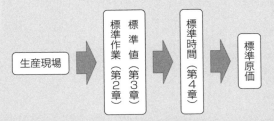

図 4.13　標準作業及び標準値，並びに標準時間，標準原価の関係

第5章　生産管理の機能

　第2章〜第4章は，生産現場という領域を対象としてきた．そして第4章で設定した標準時間は，生産現場領域における基準値となるため，設定後はこれを維持するという活動に移行する．具体的には，標準作業に基づいて作業を行い，作業時間を集計し，設定した標準時間と差異があるかどうかを確認する[*30]．

　一方，生産管理領域においては，設定した標準時間を用いて生産の管理活動を行う．ただし，生産管理で考慮すべき要因は生産現場にとどまらず，工場の外の要因にも目を向けなければならない．工場の外の要因として最も大きなものは，第2章〜第4章においてはほとんど触れていない"顧客"である．すなわち，生産管理の立ち位置は，工場と顧客との間であり，顧客の納期を遵守するため，生産活動を管理する（図5.1参照）．あくまで位置付けのみの違いではあるが，生産現場の延長線上で生産管理活動があるというよりも，顧客の納期を遵守するために管理活動があるというほうがより的確な表現であるといえる．

　生産管理の位置付けを明確にしたうえで，生産管理の機能について述べる．生産管理は生産計画と生産統制から構成され，生産管理はその位置付けから，工場内外の変動を考慮し，調整が要求される管理部門となる[*31]．具体的には，市場及び顧客動向によって製品の生産数を決め，生産計画を作成する．このとき納期が設定されるが，適切な納期を設定するためには，工場内で製品を生産するための時間値が適切に見積もられていなければならない．この時間値のことを製造リードタイムという．標準時間は，製造リードタイムの見積もりに用

　[*30] SDCA（Standardize-Do-Check-Act）サイクルを回すという維持活動である．
　[*31] これは生産管理の狭義の機能であり，工程管理の機能と同様である．

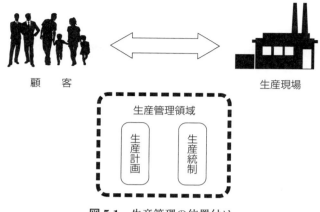

図 5.1 生産管理の位置付け

いられる．さらに生産を行うためには，生産に必要な部材の発注及び納入を行う必要がある[*32]．部材及び納入に要する時間値のことを調達リードタイムという．このような観点で生産計画を立てた後，実際には計画実行に向けてあらゆる障害（納期変更，部材納入の遅れ，機械トラブル等）が起こる．したがって，そのような計画と実際とのずれを補正する生産統制を行う必要がある．

以上のことから，生産管理は，工場内外のあらゆる調整を見込みながら計画を立て，あらゆる調整を行いながら実際の生産を行い，顧客の納期を遵守していくこととなる．

5.1 生産管理の基本機能

本書では，最も基本的な生産管理の機能に絞って述べることとする．図 5.2 は生産管理の基本機能である．生産計画と生産統制が大きな柱であり，この二つは"計画 → 実施 → 統制"のサイクルを担当している．さらに，生産計画は日程計画と工数計画から構成される．日程計画は，工場内の製造リードタイ

[*32] この点については資材調達が担当するが，全体の計画は生産管理が行う．

5.1 生産管理の基本機能

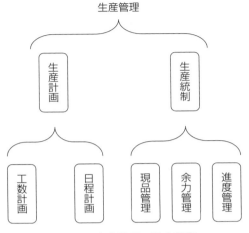

図 5.2 生産管理の基本機能

ムを見積もり，納期を設定し，その納期を遵守するために生産の時期と量を決定する．工数計画は，仕事量である負荷と工場内の能力を工数に換算し，負荷と能力の調整を行う．日程計画と工数計画は表裏の関係にあり，顧客の納期を遵守するためには，どちらも欠かすことのできない機能である．

生産計画と実際の生産にはずれが生じるが，そのずれを補正するのが生産統制である．生産統制は，進度管理，余力管理，現品管理から構成される．進度管理は日程計画に対応し，余力管理は工数計画に対応し，現品管理は生産計画により生産された製品に対応している．

図 5.3 は需要量をインプットとし，製品をアウトプットとした場合の生産管理の機能である．生産計画と生産統制の対応関係についても表現している．バッファーとは，計画段階で組み込む実際とのずれの緩衝を示している．バッファーには，時間，能力，物の3種類がある．以降，詳細を述べる．

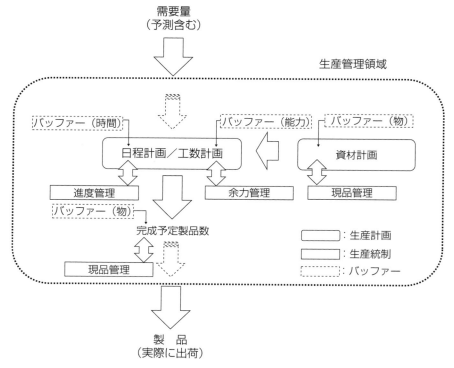

図 5.3 生産計画,生産統制,バッファーの関係

5.2 生産計画

　生産計画には,一般的に計画期間,計画単位,計画サイクル別に,大日程計画(計画期間:1年,計画単位:月,計画サイクル:半年),中日程計画(計画期間3か月,計画単位:週,計画サイクル:1か月),小日程計画(計画期間:2週間,計画単位:日,計画サイクル:1週間)の三つがある．計画期間は作成する計画の長さ,計画単位は計画に用いる日程の単位,計画サイクルは該当する計画を作成する間隔を表している(図5.4参照)．異なるレベルの計画が存在する理由としては,需要に対応するための生産体制を準備するためには時間

5.2 生産計画

計画期間：1年
計画単位：月
計画サイクル：3か月

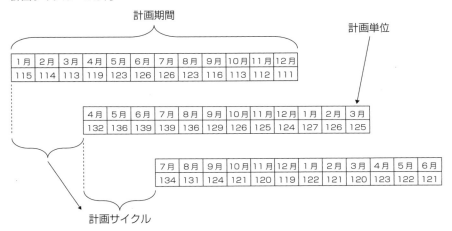

図 5.4 計画の構成要素

を要するということと，需要は予測が含まれるということである．

　まず前者であるが，需要は常に一定ということはなく，さまざまな要因により変動が生じる．変動の仕方についてもさまざまである．需要に追従していけばよいかと考えるが，追従するということは納期遅れが存在し，機会損失を招いている危険性がある．また，追従にも限度があり，例えば，ある製品が継続的に右肩上がりをした場合，どこかで追従しきれなくなる．工場の保有する生産能力に限界があるからである．その限界は，残業，休日出勤，配置転換による応援等で多少の増加は見込めるが，その対応にも限界がある．またその対応についても，ある程度計画段階で見込んでおかなければならない．したがって，大・中・小という異なる計画の対象のもとで，生産体制の準備を進めることが重要である．

　次に後者であるが，計画に用いる需要は予測が含まれている．予測は現在に近いほど精度が高く，現在から遠いほど精度が低くなる．すなわち，明日のこ

とは正確に当たる（予測どおりとなる可能性が高い）が，1年後のことはどうなるかわからないということである．したがって，現在から最も遠くまで計画する大日程計画はあくまで目安としての大まかな計画となり，現在に最も近い小日程計画は確定的な計画となる．

需要の不確定要素については，計画期間と計画サイクルの関係においても見てとれる．"計画期間≧計画サイクル"であることについては，例えば，中日程計画を取り上げると，2か月分オーバーラップするため，1か月前に作成した計画時よりも予測精度の高い数値で準備を行うことが可能となる．したがって，より最新の情報を多く取り込んで各計画を作成することがこの関係のねらいとなる．

大・中・小日程計画において，最終的に計画で示されるのは"どの製品をいつ何台生産するか"である．次に計画を作成するために具体的に行うべき事項を述べる．特に，標準時間がどこで活用されているかを確かめてほしい．

5.2.1 工数計画

"どの製品をいつ何台生産するか"を決定するためには，自社の生産能力の把握と，負荷（仕事量）の把握を行わなければならない．そして把握された生産能力と負荷に対して，バランスをとる方策を講じる必要がある．細かな調整は生産統制で行われるとしても，大枠の調整はこの計画を通して行われる．なお，日程計画（5.2.2項参照）についてもこの工数計画と同時に行われるということがいわれている．日程という観点から工数計画を述べると，具体的な日程計画において生産時期が決定されるが，工数計画ではその日程の裏付けとなる．工数計画は，計画された日程で生産を開始して完了することができるかを生産能力の観点で把握することとなる．

具体的に工数計画で行われることは，はじめに負荷と能力を工数により把握する．JIS生産管理用語では，工数とは"仕事量の全体を表す尺度で，仕事を一人の作業者で遂行するのに要する時間."（用語番号：1227）と定義されている．極端に表現すると1人の作業者に換算した時間値である．工数の単位は

"人時" "人分" であり，例えば，100人時は，1人の作業者が行う仕事量が100時間あることを示している．ただし "人時" の "人" は省略されることもある．次の式は，負荷と能力を求めるときのものである．なお，準備段取時間及び主体作業時間は第4章で述べた標準時間である．

(1) 負荷工数

負荷工数＝準備段取時間の合計＋主体作業時間の合計

例：生産品種2（A，B）

ロット間準備段取時間：30（分）

生産予定数 A：150，B：65

主体作業時間 A：5（分），B：6（分）

$$\frac{30 + (5 \times 150 + 6 \times 65)}{60} = 19.5 \text{（人時）}$$

(2) 能力工数

能力工数＝生産に携わる人数×実働時間×（1－間接作業率）

例：生産に携わる人数：3（人）

実働時間：7.5（時間）

間接作業率：5（％）

$3 \times 7.5 \times 0.95 = 21.375$（人時）

※図5.5は勤務時間の構成である．実働時間は勤務時間から休憩時間を除いた時間である．実働時間は直接作業（正規の仕事）と間接作業（正規外の仕事）に分類され，間接作業は比較的長い時間にまとまって発生する仕事又は手待ち（機械トラブルによる休止等）である．なお，例の集計の単位は1日である．

次に把握された負荷と能力に対して処置を講じる（表5.1参照）．例えば，負荷に対して能力が下回っている場合（負荷＞能力），現状のままで仕事を納期どおりに完了することができない．したがって，他職場から応援による作業員の増員や現状の作業者の残業等があげられる．

以上のように，工数計画は負荷と能力の大枠の調整を行うこととなる．なお，

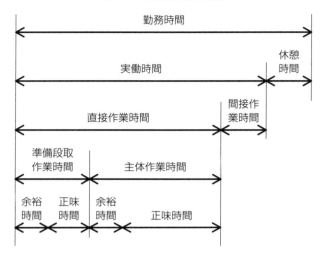

図 5.5 勤務時間の構成の例

表 5.1 負荷と能力の関係に基づく対応の例

負荷＞能力	負荷＜能力
就業時間の延長（残業，休日出勤）	就業時間の短縮
作業者の増員	他職場への応援
機械・設備の増強	機械・設備の削減
外注工場への依頼	外注から内製への切替え

第2章における作業方法の改善により，標準時間が短縮された場合は，負荷が減少することになる．このため，同じ能力の場合，より多くの生産数の達成につながることがわかる．

　例：負荷工数＝ 19.5（人時）

　　　能力工数＝ 21.375（人時）

　　　負荷＜能力　となる．

5.2.2 日程計画

日程計画では具体的な生産の日程を決定する．計画レベル（大・中・小日程計画）により，示され方はいくつかあるが，基本的には○○製品の生産をいつ開始していつ終えるかである．日程計画を作成するためには，工場内の製品の生産の所要期間を見積もる必要がある．すなわち，顧客の納期を遵守するためには，工場内の生産期間の見積もり精度が重要になる．生産期間の見積もりを行うためには，製品ごとに基準日程を決定する必要がある．基準日程は加工期間と余裕期間から構成される（図5.6参照）．この加工期間の基準となるのが標準時間である．ただし，ロット生産の工場等，標準的に生産数がまとめて決められている場合は，その数を乗じたものが加工期間となる．"基準日程における余裕期間"とは，他の製品を加工することにより起こる加工待ちや他職場との関係性による運搬待ちなどに対する余裕の期間である．参考までに，加工そのものに対する作業のばらつきに対する余裕は，標準時間中に含まれる余裕時間が対応している．すなわち，加工期間の中に含まれているものとする．

日程計画が作成されるということは，生産の時期と量が決定されることである．したがって，生産に必要な資材の発注時期と量が決定される．

以上のことから，資材の納入日より，資材の調達期間を考慮して資材計画を作成する．"資材計画の目的"は，生産現場における生産開始時に，生産に必要な資材の種類及び量が整っていることである．

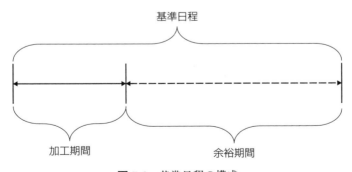

図 5.6　基準日程の構成

5.2.3 バッファーの組入れ

本節の冒頭では，計画に対する需要の変動について述べた．しかしながら，計画に対する変動はこれ以外にも多数存在する．急な機械トラブルが起こったり，納品予定の部品が予定どおり納品されなかったり，特急品の注文が立て続いて入ってしまったりと，あらゆる変動が起こりうる．このことは，負荷と能力の把握，基準日程の設定についてもいえる．生産が計画どおり何の変動もなく行われることはまれである．

以上のことより，計画と実際との変動を吸収するために余裕を計画に含ませることとなる．この余裕のことをバッファー，あるいは緩衝という．バッファーは物，能力，時間という大きく三つの分類ができる（表5.2参照）．図5.3（142ページ）で示したように，日程計画に対して時間によるバッファー，工数計画に対して能力によるバッファー，完成予定製品数及び資材計画に対して物によるバッファーを組み込むことができる．バッファーの規模は，大きすぎると維持するコストが膨らみ，小さすぎると変動に対する対応が鈍くなるので，設定の際は，工場内外の変動要因の綿密な調査が必要不可欠である．

表 5.2 バッファーの種類と内容

バッファーの種類	内容
物	材料，仕掛品，製品在庫など
能　力	予備人員，機械，残業，外注など
時　間	余裕のある納期設定など

5.2.4 生産計画と標準時間

ここで生産計画と第4章で設定した標準時間の関係について述べる．図5.7は標準時間が生産計画のどの部分に影響を及ぼすかを示したものである[33]．同図より，標準時間は日程計画における基準日程の加工期間に影響を及ぼし，工数計画における負荷と能力の関係の負荷に影響を及ぼすことがわかる．した

---

[33] ここでは生産予定数に含まれるバッファー（物）は対象外である．

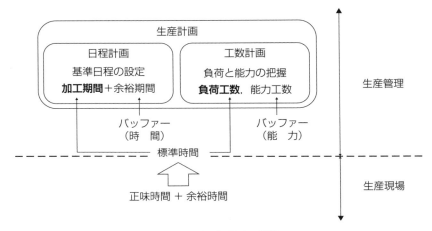

図 5.7 標準時間の影響

がって，計画に対する変動要因への対処のためのバッファーは，日程計画においては余裕期間に組み込まれ，工数計画においては能力に組み込まれることとなる．顧客の納期遵守が目的となる生産管理業務において，あらゆる変動の対処は不可欠であり，この変動に一対一の対応関係の把握は困難である．しかしながら，生産現場における変動に対して余裕率をあてているとすると，生産現場以外の変動に対しては，計画段階のバッファーの組込みに現れるため，日程計画に対しては余裕期間への組込み，工数計画に対しては能力への組込みになると考える．なお，計画作成後の変動への対応は，生産統制で行われる．

5.3 生産統制

前節では計画段階について述べてきた．計画のもととなる工場内外の要因には，不確定要素が含まれる．特に，需要については計画が長期に及ぶほど不確定要素が強くなる．すなわち計画を何段階かのレベルに分け，作成していき，かつ，計画にバッファーを組み入れることにより，変動を吸収することとしている．

生産統制は，上述のように，作成した計画に対して実際に計画どおり行われるかどうかを統制する．生産計画の大きな柱は，日程計画と工数計画であるが，生産統制は進度管理と余力管理がこれに相当する．進度管理の進度は，生産現場における生産の進み具合を表しており，これを管理することで顧客の納期を遵守することに結び付く．余力管理の余力は能力と負荷の差を表しており，常時負荷と能力を把握し，バランスがとれているかを管理する．さらに，現品管理は生産現場における仕掛量や倉庫内の資材等の管理である．生産統制の位置付けは，時間軸に合わせると，計画確定後から実施後までの間であることを的確に認識し，その重要性をとらえることが必要である．

5.4 MRPシステム

5.1節～5.3節では，生産管理において欠かすことのできない基本機能について述べた．本節では，5.1節～5.3節で述べた基本事項をシステマティックに実施する方法として，MRP（Material Requirements Planning：資材所要量計画）及びMRPシステムについて述べる（図5.8参照）．

MRPは，文字どおり資材所要量計画であり，マスタースケジュール，部品表，在庫情報をインプットとし，MRP展開（5.4.1項，5.4.2項）を行い，必要資材及びその必要量・時期がアウトプットして出力される．マスタースケジュールは，需要予測等から独立需要品目（5.4.1項，5.4.2項）における生産数と時期を示したものである．部品表は各製品に必要な構成部品を表したものであり，MRPではストラクチャ型[*34]の形式を用いている（図5.9参照）．在庫情報とは，独立需要（製品）及び従属需要品目（仕掛品，部品）における現在の在庫の状況のことである（図5.10参照）．またここでの在庫状況には製造及び調達のリードタイムが設定されている．これらの情報をインプットとしてMRP展開を行う．MRP展開は，はじめに独立需要品目について在庫状況を考慮して正味の生産

[*34] 親部品と子部品の関係をツリー状で表す部品表である．

量を決定する．次に製造リードタイムを考慮して生産開始時期を決定する．最後に生産に必要な従属需要品目の量を決定し，調達リードタイムを考慮して資材発注時期を決定する．以上のように，MRPによる計画は，独立需要品目の完成時期を軸に，バックワード法[*35]で生産時期及び発注時期を決定する．

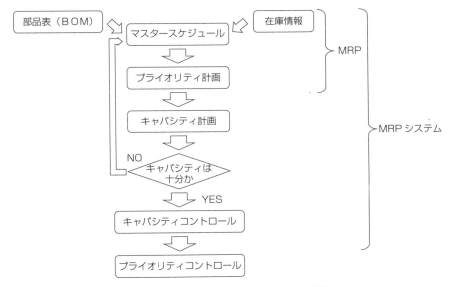

図 5.8 MRP と MRP システムの全体像

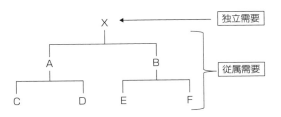

図 5.9 ストラクチャ型部品表

[*35] 完成予定日（納期）を基準として，時間軸をさかのぼるようにスケジュールを作成する方法である．

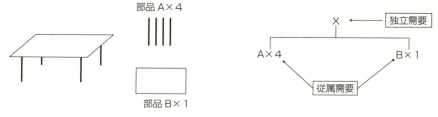

図 5.10 独立需要と従属需要の関係

　MRPシステムは，上述のMRPの概念を土台にして生産管理システムとして発展させたものといえる．すなわち，MRPだけでは，5.1節で解説した資材計画が中心となるが，MRPシステムは対象となる生産現場に対して，さらに生産計画（日程計画，工数計画）と生産統制（進度管理，余力管理）の機能を追加したものといえる．おおむね日程計画がプライオリティ計画，工数計画がキャパシティ計画，進度管理がプライオリティコントロール，余力管理がキャパシティコントロールとなる．MRPシステムの特徴としては，計画作成にタイムバケット（5.4.1項，5.4.2項）を管理単位としていることである．次にMRP及びMRPシステムの特徴を示す．

5.4.1　独立需要と従属需要の概念

　図5.9は，ストラクチャ型の部品表である．ストラクチャ型の部品表は，独立需要を頂点として，ツリー構造で構成部品が表現される．例えば，Xという製品を完成させるためには部品Aと部品Bが必要，部品Aを完成させるためには，部品Cと部品Dが必要ということが把握できる．

　独立需要品目とは，工場で扱う完成品を指している．例えば，机を造っている工場であれば，机そのものとなる．従属需要品目とは，独立需要品目の発生に伴って起こる需要である．机の例を用いれば，机の台と机の脚となる．これらの従属需要は，机という独立需要に紐付いて発生することになる（図5.10参照）．

　なお，数字は必要部品数を示しており，これをもとに資材所要量展開（次項参照）が行われる．

5.4.2 資材所要量展開

部品表が的確に整備され，かつ，在庫情報として現在の生産現場の状況が把握されていれば，マスタースケジュールにおいて独立需要品目に対する市場等への納品数と時期さえ決定すれば，後は自動的に生産数量を定めることが理論的には可能である．例えば，図 5.10 において，机の独立需要を来月 100 台と見込めば，机を構成する部品 A は 100 × 4 で 400 個，部品 B は 100 × 1 で 100 個必要であることがわかる．

上述の基本機能に在庫情報を加えることより，現在の在庫量を引き当て，実際に必要な生産数量を求めることができる．例えば，机において，製品在庫を 20 個，部品 A を 60 個，部品 B を 30 個所有しているとする（安全在庫を除く）．需要分のみを出荷するためには，机が "100 − 20" で 80 個となり，これが正味の所要量となる．この 80 個の机の生産に必要な机の構成部品 A が 320 個，部品 B が 80 個と展開される．これについても部品在庫を引き当てると，正味の所要量は部品 A が 260 個，部品 B が 50 個となる．以上のように在庫情報を加味することにより，在庫を引き当てた正味の所要量を把握することができる．

さらに製造リードタイム，調達リードタイムを加えることにより，生産現場にオーダーするタイミング，協力工場に発注依頼を出すタイミングも把握することができる．図 5.11 は，上記事例の条件のまま，ある月の最終週に机 100 個を出荷するための日程計画である．机 X を組み立てるのが自社，部品 A と部品 B は調達する．机 X の製造リードタイムを 1 週間，部品 A の調達リードタイムを 2 週間，部品 B の調達リードタイムを 1 週間としている．上記同様，需要量のみを生産することとし，計画はバックワードを用いている．

製品 X の日程計画について，上記同様，在庫を引き当て，正味所要量を 80 としている［同図 (a), (b)］．次に，製造リードタイム 1 週間を考慮し，生産現場へのオーダーを第 3 週とした［同図 (c)］．次にこの 80 を軸に部品展開する．上記同様，部品 A の所要量が 320，部品 B の所要量が 80 となる［同図 (d)］．製品 X 同様，部品 A，部品 B についても展開し，最後に調達リードタイムを

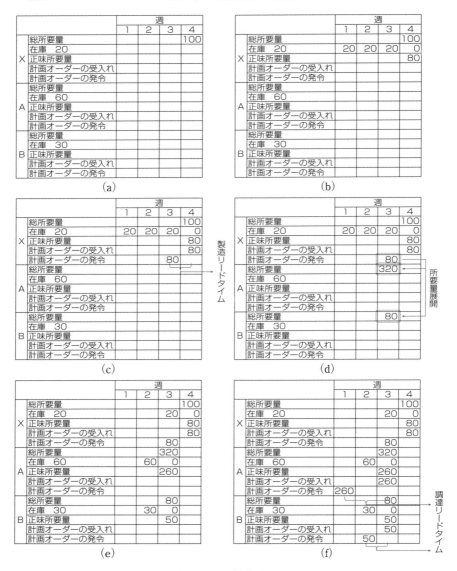

図 5.11 日程計画の例

［出典 J.R.Tony Arnold 著，中根甚一郎訳（2001）:"生産管理入門"，日刊工業新聞社 をもとに作成］

考慮し,部品Aの発注時期を第1週,部品Bの発注時期を第2週としている[同図 (e), (f)].

5.4.3 タイムバケットの概念

　MRPシステムにおいては,各システムを構成するサブシステムにおいてタイムバケットという管理単位に計画をしていく.タイムバケットとは連続した時間軸上を適当な大きさで区切ったものである(図5.12参照).タイムバケットの大きさは,1日,2日,1週間等,対象となる生産現場によってさまざまである.このタイムバケットの大きさが工数計画では負荷と能力の集計期間となり,日程計画では基準日程となる.5.2.1項で述べたように負荷と能力の把握においては,ある期間において負荷と能力の集計を行うが,その期間がタイムバケットとなる.5.2.2項で述べたように基準日程では余裕期間を設けることになるが,MRPではタイムバケットから加工期間を引いたものがそれに相当することとなる.すなわち,日程計画と工数計画をタイムバケットという枠組みにおいて実施をする.以上のことから,タイムバケットという管理単位をもとに,計画をシステマティックに作成することが可能となる.

　図5.12は,5.4.1項,5.4.2項の例の日程計画であるが,タイムバケットを1週間とした場合である.上述のように基準日程及び負荷と能力の集計単位が1週間ということになる.第3バケット(第3週)で生産現場に80個の机の生産をオーダーしているが,これについて工数計画を行うと次のようになる.これにより,キャパシティの判断を行うことができる(MRP全体図,図5.8,151ページ参照).

(1) 負荷工数

　負荷工数＝準備段取時間の合計＋主体作業時間の合計

　例:生産品種X

　　　ロット間準備段取時間:0(分)

　　　生産予定数X:80

　　　主体作業時間X:75(分)

		週			
		1	2	3	4
X	総所要量				100
	在庫 20			20	0
	正味所要量				80
	計画オーダーの受入れ				80
	計画オーダーの発令			80	
A	総所要量			320	
	在庫 60		60	0	
	正味所要量			260	
	計画オーダーの受入れ				
	計画オーダーの発令				
B	総所要量			80	
	在庫 30		30	0	
	正味所要量			50	
	計画オーダーの受入れ				
	計画オーダーの発令				

タイムバケット

図 5.12　タイムバケットの例

$$\frac{0 + (75 \times 80)}{60} = 100 \;(人時)$$

(2) 能力工数

　　能力工数＝生産に携わる人数×実働時間×（1－間接作業率）

　　例：生産に携わる人数：3（人）

　　　実働時間：37.5（時間）［7.5 時間×5（日）］

　　　間接作業率：5（%）

　　　$3 \times 37.5 \times 0.95 = 106.875$（人時）

負荷＜能力 のため，キャパシティは十分であると判断できる．

5.5　ま　と　め

本章では生産管理の位置付けとその機能について解説した．はじめに生産管理は，生産現場と顧客の間に位置するということを述べた．本書は生産現場構

5.5 まとめ

築から展開しているが，生産管理における管理の考え方は，顧客を意識したものとなる．すなわち，生産管理では顧客の納期について強い意識をもつこととなる．顧客の納期を決定するためには，生産現場の的確な状況把握を欠かすことができない．したがって，顧客の納期遵守を軸とした生産現場の管理という考え方が一般的である．

次に，生産現場と生産管理の接点ともいえる標準時間との関係性であるが，日程計画と工数計画に用いられることとなる．この二つの計画により，生産計画が決定するため，管理領域における標準時間の位置付けが明確になった．ただし生産管理においては，標準時間単体での活用ではなく，日程計画においては加工期間の一部として，工数計画においては負荷の一部として用いられることとなる．標準時間で吸収できるのは，作業時における変動要因であるため，工程全体，職場全体，工場全体，需要等のあらゆる変動要因は考慮されていない．したがって，工場内外の変動を考えたうえでは，別途，バッファーを計画に組み入れることになる．そして計画と実行に対して，日々の生産活動を取り仕切る生産統制を行い，生産現場で計画どおり実行に移され，進行しているかを統制する．

最後に，生産管理活動を実施する方法として，MRP及びMRPシステムについて述べた．資材の所要量を計算する方法から，タイムバケットを活用した生産管理システムの特徴を述べた．特に，タイムバケットの概念は日程計画と工数計画を一つのバケットの中で行うことができ，実際の計画作成から実行を含めたシンプル，かつ，柔軟なシステムといえる．現実的に生産管理にMRPを活用している企業数は多い．なお，現在のMRPはMRP II (Manufacturing Resources Planning II：製造資源計画)，ERP (Enterprise Resource Planning：企業資源計画) と管理領域の幅を拡大しているが，その土台となっているはMRPである．

●コラム5　経営の中での生産管理の役割

　本書では，生産現場における現状把握をもとに，標準作業，標準時間，生産管理と展開していった．そして，生産管理の基本的な機能を生産計画と生産統制とし，工程管理と同等の領域ととらえた．

　ここで，生産管理を経営活動という観点からとらえると図5.13（次ページ）のようになる．経営計画がまず示され，それを実現するように販売計画が作成され，生産する品種，量，時期を決定する生産計画が作成される．一方，経営計画は工場の建設等の意思決定も含まれるため，工場を建設する際は工場計画を作成する必要がある．ここで用いられるのが，第6章で述べるSLPである．

　工場計画は工場内の職場構成，工程編成等，工程設計も行われる．そしてそこで実際に製品の生産が開始されることになる．さらに経営計画は市場への新しい製品の開発についても計画されているため，研究開発とも関係性がある．研究開発により製品の設計図が決定される．

　第6章で述べるQFDは設計図面の品質を設定するため，製品設計に大きく関係する．そして，加工性及び組立性の観点から生産設計において再検討され，最終的に工場内でどのように生産を行うかを工程設計で決定して実際に作業が開始される．

　以上のことから，経営という視点から生産管理をとらえると，企業活動において必要不可欠な市場への新製品の投入等，中長期的な計画への対応も領域として含まれることがわかる．第1章のコラム1（20ページ）でも述べたが，分析的アプローチと設計的アプローチの両方の見方が必要となることの裏付けといえる．

●コラム5　経営の中での生産管理の役割

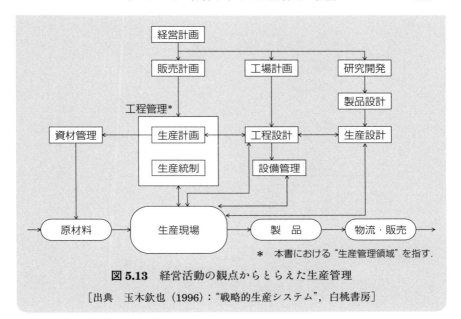

図 5.13　経営活動の観点からとらえた生産管理

［出典　玉木欽也（1996）:"戦略的生産システム"，白桃書房］

第6章　生産現場の設計・設計品質の設定

　本書は"生産現場と管理の連動性の強化"を目的とし，生産現場の現状把握をもとに，生産性，品質，時間，計画という順に，生産管理の基本概念まで展開してきた．連動性を強化するためには，生産現場と管理を別べつにとらえるのではなく，一気通貫に見なければならない．本書ではその出発点を生産現場とし，軸を標準作業及び標準時間とした．具体的には，はじめに生産現場における生産性追求と品質確保の両方の観点から標準的な作業方法の設定について述べた．そして，標準的な作業方法によって実施される作業を時間値に変換し，標準時間を設定する方法について述べた．標準時間は生産現場における管理のものさしとなる．さらに標準時間は生産管理における計画業務への基礎資料ともなり，日程計画及び工数計画作成に影響する．これらの計画業務は顧客の納期に直結することとなる．そして，設定した標準時間が管理業務でどのように活用されるかを中心に生産管理の基本概念について述べた．
　さて，本書では生産現場が目の前にあることを前提にここまで展開してきた．それでは生産現場が目の前にない場合はどうすればよいのであろうか．すなわち，生産現場を設計する（新たな工場，新たな職場）という場合である．また，品質について，第3章では設計図面に示された規格を遵守できるようにと述べた．では，設計図面がない場合はどうすればよいのであろうか．図面に示された規格は何をもとに決められたのであろうか．このように，本書では既存の生産現場，既存の設計図面を前提とし展開してきた．中小企業を対象としているので，その前提を崩す必要性がないといわれればそれまでであるが，生産及び品質の全体像を理解するうえで，生産現場及び設計図面がどのように設計されているかを把握することは大切なことであるといえる．
　最終の本章では，生産現場の設計の方法としてSLP（Systematic Layout

Planning：体系的レイアウト計画法）を設計品質の設定の方法としてQFD（Quality Function Deployment：品質機能展開）について述べる．

6.1 SLPによる生産現場の設計

新たな生産現場を設計するときには，多くのことを考えなければならない．特に，機械設備等の物理的なレイアウトについては，一度配置が決定すると，配置替えなどが大変困難である．さらに，配置が決定すると，基本的な生産の流れが決定される．極端な例であるが"機械A → 機械B"という順番に加工されて製品が完成する場合において，2台の機械の配置は生産現場全体の流れに大きく影響する（図6.1参照）．機械に供給する資材，機械に取り付ける治具，それらに伴って発生する人間の動線等，単に機械配置といってもその影響の大きさは計り知れない．したがって，物理的なレイアウトの決定は，生産方式や部品の供給方法の決定といっても過言ではない．運搬を例にあげると，運搬距離については初期のレイアウトでほぼ決定される．第2章で解説した運搬工程分析の観点から考えると，運搬作業（物の取扱い，物の移動の仕方）の改善

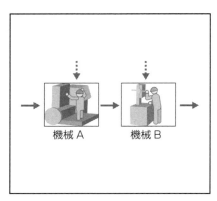
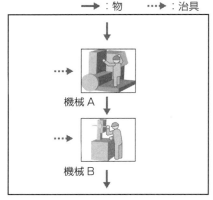

(a) 機械の配置を横にした場合　　(b) 機械の配置を縦にした場合

図 **6.1** 機械配置の生産現場への影響

6.1 SLPによる生産現場の設計

は可能であるが,運搬そのものの改善(例:運搬距離 10 m → 3 m)となると,一度配置が決定してしまうと難しいことがいえる.

以上のことから,物理的なレイアウト決定は,物の流れを決め,生産性に大きく影響するので,あらゆることを事前に想定しておかなければならない.

レイアウトの計画法として,SLPがある[*36].これは工場及び職場に対してレイアウトを決定する際,どのようなことを考慮すればよいかを体系的に整理したものである.図6.2は,SLPの全体像であり,上から順に検討することにより,最終的に一つのレイアウトを決定することができる.ここでは生産工場の職場配置(加工職場,組立職場,倉庫等)を例として,SLPの概略を述べる.

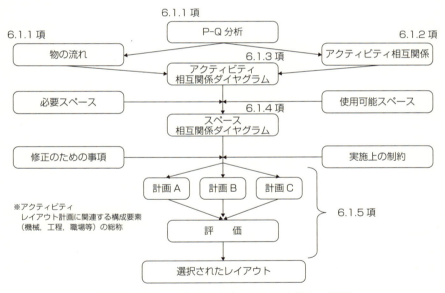

図6.2 SLPの全体像と本章における各節との関係

[出典 リチャード・ミューサー著,十時昌訳(1964):"工場レイアウトの技術",日本能率協会]

[*36] SLPはリチャード・ミューサーが開発したレイアウト計画法である.

6.1.1 P-Q分析

はじめにP-Q分析から設計する工場の特徴を把握する．これにより基本的なレイアウトがおおむね決まるため，基本的な物の流れが決定される．設計対象となる生産現場において，生産を予定している製品の品種（P：Product）と生産量（Q：Quantity）を把握する．量の多い順に並び替えを行い，横軸に品種（P），縦軸に生産量（Q）をとり，原点から量の多い順に品種を並べる（図6.3参照）．同図の特徴より，基本的なレイアウトが決定される．例えば，生産の品種数が少なくて量が多い図6.3①のような特徴が現れた場合は製品別レイアウト［図6.4（a）参照］，生産の品種数が多くて量が少ない同図②のような特徴が現れた場合は機能別レイアウト［図6.4（b）参照］となる．製品別レイアウトとは，製品の生産の順番を中心に機械配置する．少ない品種を多量に生産するため，生産する製品を主体とした機械配置となる．機能別レイアウトとは，機械の機能を中心に機械配置する．例えば，切削，穴あけなど，機械の機能別に機械配置する．品種数が多く，量が少ないという特徴は，切削や穴あけといっても切削寸法の異なるものが多数あり，さらに多品種の生産を行うため生産の順番も固定できない．したがって，生産する機械を主体とした機械配置となる[*37]．

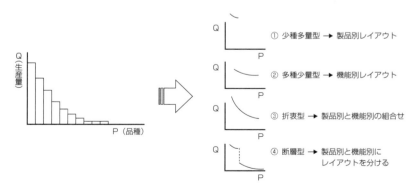

図6.3 P-Q分析とレイアウトの関係

6.1 SLPによる生産現場の設計

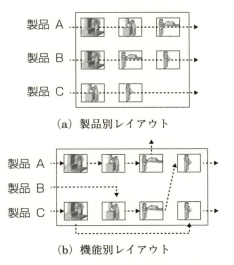

(a) 製品別レイアウト

(b) 機能別レイアウト

図 6.4 製品別レイアウトと機能別レイアウト

6.1.2 アクティビティ相互関係図

一方，物の流れだけを考慮すると，定性的な判断を見失うことになる．定性的な判断とは埃，騒音，臭いなどである．相互関係図表は物の流れだけでなく，騒音等定性的な条件を考慮するために用いる（図 6.5 参照）．はじめにレイアウトの構成要素であるアクティビティを上から順に並べる．次に各アクティビティ間の関係性を一対一で見ていき，近接性を評価する．評価については，理由についても記号で表現する．これにより，どのような理由でアクティビティを近付ける必要があるかを把握する．

図の点線内は加工職場と事務所についての祖語関係であるが，相互関係として"通常の近さ"，理由として"管理上"という近接性の評価となっている．

[*37] このほかに特徴的なレイアウトとして，大型の製品の生産に用いられる固定位置レイアウトがある．これは対象をある場所に固定しておき，それに対して人が部品等を組み付けるレイアウトである．

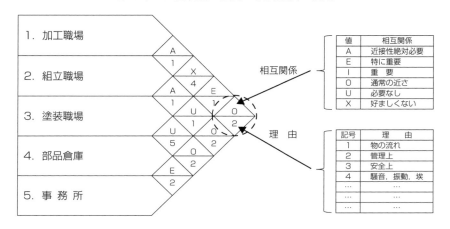

※理由の中に物の流れが表記されている．したがって，
物の流れを含めた近接性の評価となっている．

図 6.5 相互関係図表

6.1.3 アクティビティ相互関係ダイヤグラム

6.1.1 項で物の流れから定量的に検討し，6.1.2 項でアクティビティ間の関係性を定性的に検討した．これより相互関係図表を作成した．次にこの関係図をもとに，アクティビティ相互関係ダイヤグラムを描き，レイアウトの大枠を決定する（図 6.6 参照）．相互関係図表に示された近接性 A の関係を配置し 4 本線で結び，続いて，E，I，その他という順に配置をし，3 本線，2 本線，1 本線でそれぞれ結ぶ．さらに好ましくない近接性の X については，ギザ線で結ぶ．

同図では，まず加工職場と組立職場，組立職場と塗装職場について，A の評価であるため 4 本線で結ばれている．次に加工職場と部品倉庫，部品倉庫と事務所について，E の評価のため 3 本線で結ばれている．さらに加工職場と事務所，組立職場と事務所，塗装職場と事務所について，O の評価のため 1 本線で結ばれている．最後に加工職場と塗装職場について，X の評価のためギザ線で結ばれている．

アクティビティ相互関係ダイヤグラムを作成する大きな意義は，既存の敷地

6.1 SLPによる生産現場の設計

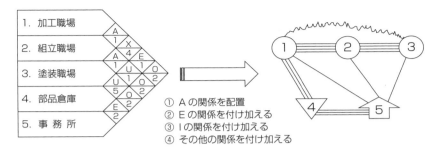

図 6.6 アクティビティ相互関係ダイヤグラム

及び建物等の制約抜きに理想像を描くことにある．

6.1.4 スペース相互関係ダイヤグラム

前項で作成されたアクティビティ相互関係ダイヤグラムに対して，各アクティビティに必要なスペース及び使用可能スペースを考慮し，スペース相互関係ダイヤグラムを作成する（図6.7参照）．ここで大切なことは，アクティビティ相互関係ダイヤグラムからスペース相互関係ダイヤグラムを作成するまでの議論の順番である．はじめに各アクティビティに対して必要なスペースを検討する．これは各アクティビティにとって，物理的な制約を無視した理想的なスペースとなる．次にレイアウト計画の中で把握されている物理的な制約を考慮し，面積を決定する．現実的な制約が把握できている場合，理想的なスペースを検討することは意味がないと考えることもできるが，まず一度理想的な状態を検討することは，根本的な改善の機会を得ることができるともいえる．

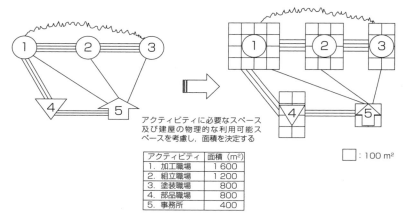

図 6.7 スペース相互関係ダイヤグラム

以上のことより，議論の順番を意識し，スペース相互関係ダイヤグラムを作成する．

6.1.5 レイアウト決定

前項のスペース相互関係ダイヤグラムに対して，修正のための事項，実施上の制約を考慮し，複数のレイアウト案(計画A, 計画B, 計画C)を作成する(図6.8参照)．修正事項とは通路，生産方式等であり，制約条件とは予算，法規制等である．ここで示される案は，いずれも実現可能なレイアウト案となる．SLPの手順に基づいて理想的なレイアウト案を描き，現実的な要素を組み入れていき，複数の実現可能案が作成されたこととなる．

この案に対して，複数の評価項目を設置し，それぞれウエイトを決める．そして各案を項目ごとに評価して点数付けをする．最終的に各案の合計を求め，一つのレイアウトを決定する（表6.1, 170ページ参照）．

以上がSLPによるレイアウトの作成である．なお，本事例では工場全体を対象とし，職場の配置についてSLPの手順を上から下まで実施した．これにより，各職場の配置及び具体的な面積が決定された．次に決定することとして，

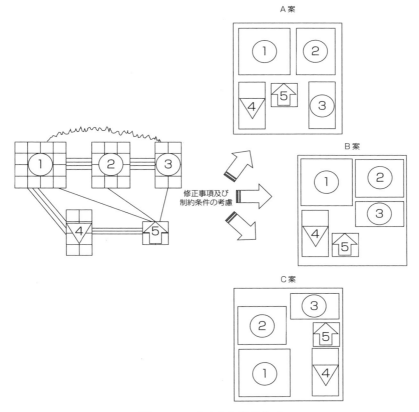

図 6.8 レイアウト案の作成

各職場内でのレイアウト作成となるが，これを作成するにあたっても SLP の手順が適用できる．具体的には，職場を対象とし，職場内での物の配置について SLP の手順を実施し，職場内のレイアウトを決定する．SLP は対象が工場であっても，職場であっても適用が可能である．

6.2　QFD による設計品質の設定

品質管理において造りこまれる品質は，大きく二つに分類される（図 6.9 参

表 6.1 レイアウト案の評価

項　　目	ウエイト	A 案	B 案	C 案
監督の容易さ				
拡張性				
生産性				
融通性				
設置コスト				
…				
…				
合　　計				

照).一つが第3章で述べた生産段階における品質であり,これを"製造品質"と呼ぶ.製造品質は設計図面に描かれたものと,実際に生産した製品との差により評価ができる.例えば,机の設計図面のある寸法が 90.00 (cm),実際に生産された製品の寸法が 90.05 (cm) ということである.製造品質が良いということは,設計図面に描かれたとおりに製品が完成したことを意味する.製造品質は"できばえの品質"とも呼ばれる.この製造品質を向上させる手法が第3章で述べた SQC である.もう一つの品質は設計図面そのものの品質であり,これを"設計品質"と呼ぶ.設計品質は顧客の要求が反映された設計図面となっているかどうかがその評価となる.例えば,机に対する顧客の要求が"資料を広げながら仕事をする"であれば,これを満足する寸法として 90.00 (cm) を設定したということになる.製造品質をいくら追求しても,設計品質が良くなければ顧客は製品を受け入れてくれない.設計品質は"ねらいの品質"とも呼ばれる.この設計品質設定の方法論が QFD[38] である.

　品質機能展開(QFD)は,物に焦点を当て,顧客の物に対する要求を明確にし,それを満足させる品質を設計図に組み込むことを目的とした品質展開,人の業務に焦点を当て,品質を生み出す業務の機能の明確化を目指した業務機能展開

---

[38] QFD は,水野滋,赤尾洋二両氏が開発した設計品質設定の方法論である.

6.2 QFDによる設計品質の設定

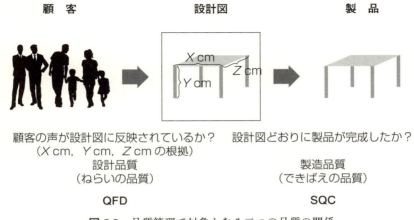

図 6.9 品質管理で対象となる二つの品質の関係

がある.本書では品質展開について述べる.

表 6.2 は,品質展開で作成される品質表である.品質表で最も重要なことは,完成した品質表はもちろんのこと,品質表を作成する過程で表出する情報である.QFD は情報の整理・整頓であるといわれている.この意味は,最終的に完成する表の効果ではなく,表を作成する過程での効果を指している.次に品質表の作成について述べる.

6.2.1 要求品質の抽出

はじめに品質展開は"顧客の製品に対する声"(Voice Of Customer:VOC)を収集する.顧客の発する VOC とは言語データである.次に収集した言語データから,シーンを想定し,5W1H 等の属性を変化させながら,顧客の製品に対する要求を抽出する.例えば"資料を広げながら仕事をする"とは,いつ,どこで,どのような状況であるかを具体的に記述する.これにより,原始データが発せられた状況に可能な限り近付き,その状況を想定する.さらにその状況から他の要求が抽出できないかも考える.すなわち,企業側は顧客の要求を得て終わりではなく,顧客から得られた情報をもとに顧客の真の要求を考

表 6.2 品質表

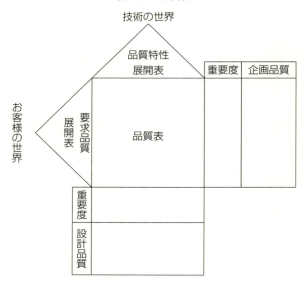

える．これには原始データ変換シート（図 6.10 参照）等が活用される．最終的に抽出された要求は要求品質と呼ばれる．

次に抽出された要求品質について抽象度を変化させ，さらなる顧客の要求の理解につなげる．これには親和図[*39]等が用いられる．図 6.11 は 100 円ライターの要求を例にしたものであるが，同図中①のように，抽象度を下げて具体的にすることにより複数の要求を創出することができ，同図中②のように，いくつかの要求をグループ化して抽象度を上げて表現することにより，さらなる要求の創出の可能性が広がる．このように抽象度を変化させてまとめた表が展開表である．

以上のことより，収集した顧客の声に対して，あらゆる角度から分析をし，顧客が本当に何を望んでいるかを把握し，要求品質展開表としてまとめる（表 6.3, 174 ページ参照）．一般的に，顧客のデータはアンケート調査等を行い収

[*39] 親和図は問題の整理に活用される．特徴は，情念で似たものどうしをグルーピングしていくところにある．

6.2 QFDによる設計品質の設定

原始データ	シーン						要求項目	要求品質
	WHO	WHERE	WHEN	WHY	WHAT	HOW		

原始データ　━━━━━━━━▶　要求品質

シーンを想定しながら変換

図 6.10 原始データ変換シート

［出典　大藤正，小野道照，赤尾洋二（1990）："品質展開法（I）", 日科技連出版社］

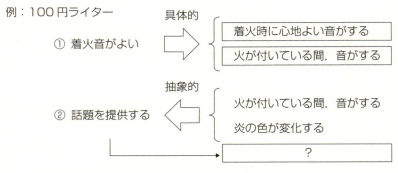

図 6.11 要求に対する抽象度の変化

［出典　大藤正，小野道照，赤尾洋二（1990）："品質展開法（I）", 日科技連出版社］

集するということとなるが，顧客は顧客自身の要求を認識できていない場合が多い．したがって，収集した言語データをもとに，上述のような考え方で顧客の真の要求を企業側が類推することが大切である．

6.2.2　品質表の作成

次に，要求品質を満足させるための製品の特性を設定する．これを品質特性という．品質特性は設計図に示されるものである．したがって，品質特性につ

表6.3 要求品質展開表の例

◁ ：構想図の表現

1次	2次	3次
長い間使用できる	丈夫である	強い衝撃に耐える
		落としても使える
		水の中に落としても使える
	持ちやすい大きさである	手の中に納まる
		適度な重さである
		ポケットに入る
よいデザインである	コンパクトな形である	丸みのある形である
		薄型である
	快い色遣いである	明るい色遣いである
		シックな色遣いである
		シンプルな色遣いである
愛着が持てる	話題を提供する	火の付いている間，音がする
		炎の色が変化する
		カバーが替えられる
	高価に見える	着火時に心地よい音がする
		スリムな形である

⇐ 抽象的（抽象のレベル高）　　　⇒ 具体的（抽象のレベル低）

※構想図の表現とは，品質機能展開構想図で用いられる表現のことである．詳細は6.2.3項で述べる．

[出典　大藤正，小野道照，赤尾洋二（1990）："品質展開法（Ⅰ）"，日科技連出版社]

いては企業内に情報があると考える．部品メーカーであれば，納品先から提示されるスペックとなる．品質特性についても要求品質と同様に展開表としてまとめる．企業内に情報があるとはいえ，その情報がすべて表出されているとは限らない．要求品質と同様，抽象度を変化させながら展開表にまとめることにより，品質特性の情報の整理を行う．

　要求品質展開表，品質特性展開表を作成後，二つの展開表を組み合わせて関係性について記号を用いて示す．これを二元表と呼び，特に，要求品質展開表と品質特性展開表の組合せを品質表と呼ぶ．関係性については，一般的に◎が"強い対応"，○が"対応"である．表6.4は要求品質展開表と品質特性展開表の2次の抽象度の項目どうしを組み合わせた二元表である．品質表が大きくなりすぎる場合は，抽象度の高い項目どうしで二元表を作成することも全体の

6.2 QFDによる設計品質の設定

表 6.4 二元表の例

☐ : 構想図の表現

要求品質＼品質特性	形状寸法	重量	耐久性	着火性	操作性	デザイン性	話題性
確実に着火する			○	◎	○		
使いやすい	◎	◎			○		
安心して携帯できる	○		◎	○			
長い間使用できる			◎	○	○		
よいデザインである	○	○				◎	○
愛着が持てる						○	◎

備考 ◎:強い対応, ○:対応

[出典 大藤正, 小野道照, 赤尾洋二 (1990): "品質展開法 (I)", 日科技連出版社]

俯瞰につながる.

　同表において, 記号を付けることには議論を要する. 品質展開の最も大きな効果の一つは, この記号を付ける際に起こる議論そのものである. すなわち, この記号を付ける際に, これまで可視化することのなかったさまざまな暗黙知が表に出てくることとなる. そして製品の設計に携わるさまざまな情報が共有されることとなる. したがって, この品質表を作成するプロセスそのものが, 品質展開の効果といえる. できあがった品質表だけを見ても, 真の効果を見抜くことは難しいが, 実際の効果は作成する過程である. そのような意味からすれば, 第2章におけるIE手法を用いた現場の理解に通じるものがある.

　記号の記入後, 今回の製品に対して要求品質の重要度を決める (表6.5中の右縦枠). 同表では "確実に着火する" と "使いやすい" に高い重要度を割り当てている. そして要求品質の重要度を品質特性に変換する (同表中の下横枠). 例えば, 品質特性における形状寸法の重要度の計算については, ◎を5点, ○を3点とした場合, 各要求品質の重要度に記号の点数を乗じて "$5 \times 5 + 4 \times 3 + 4 \times 3 = 49$" となる. この結果 "耐久性" と "形状寸法" の重要度が高くなり, この結果をもとに設計品質を設定する. したがって "耐久性" と "形

表 6.5　重要度の変換の例

⤴ : 構想図の表現

要求品質 ＼ 品質特性	形状寸法	重量	耐久性	着火性	操作性	デザイン性	話題性	要求品質重要度
確実に着火する			○	◎	○			5
使いやすい	◎	◎		○	○			5
安心して携帯できる	○		◎	○				4
長い間使用できる			◎	○	○			3
よいデザインである	○	○				◎	○	4
愛着が持てる						○	◎	3
品質特性重要度	49	37	50	46	39	29	27	

※点線矢印：二元表の重要度の変換

[出典　大藤正，小野道照，赤尾洋二（1990）："品質展開法（I）"，日科技連出版社]

状寸法"を的確に管理することは，顧客の"確実に着火する"と"使いやすい"という要求を満足することにつながることになる．

以上のことより，顧客の要求と設計品質が紐付けられたといえる．

6.2.3　品質機能展開構想図

6.2.1 項，6.2.2 項で展開表及び二元表が作成され品質表が完成する．図 6.12 は，品質表を品質機能展開構想図の表現にしたものである．"◁"は展開表，"□"は二元表，"⤴"は情報の変換の方向を示している．品質機能展開構想図は，目的に合った情報の流れを構想するためのものである．例えば，顧客の要求を意識したものづくりを行うため，顧客の情報を生産工程まで紐付けるためには図 6.13 となる．品質表で設定した設計品質に対して，その製品の品質に影響を及ぼす部品，その部品を造っている工程へと情報を連鎖させている．したがって，顧客の要求から最終的には工程までが示されることになるため，顧客の要求に直結する工程が紐付けられることとなる．最終的には QC 工程表[40]

---

[40] QC 工程表は，生産現場に対して工程で品質を造りこむための留意点が記載されている．

6.2 QFDによる設計品質の設定　　　　　　　　　　　　177

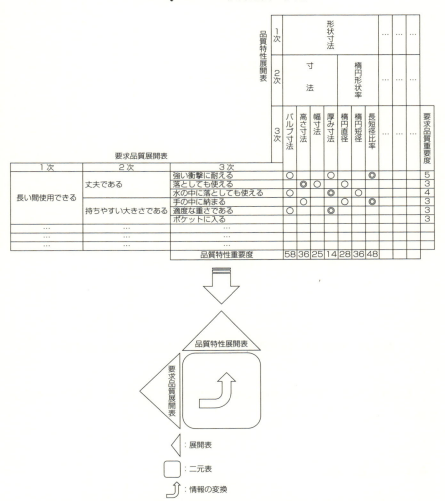

図 6.12　品質機能展開構想図における品質表の表現の例

として示され，生産現場に提示されることとなる．

　中小企業においては，設計図面が示され，品質特性のみが把握できるかと考える．その場合は，その品質特性から顧客の要求を逆に考えてみることが重要である．図面に示された品質特性が要求されている理由を類推することによ

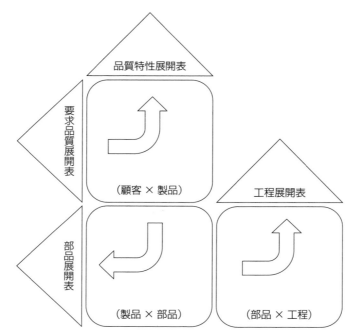

図 6.13 顧客の要求を工程まで展開するための品質機能展開構想図

り，最終的に製品を使用する顧客の要求を理解した物づくりを行うことが大切である．

6.3 まとめ

本書の最終章となる第6章では，生産現場を設計するための方法としてSLP，設計図面の品質を設定する方法としてQFDを解説した．SLPについては，新たに生産現場を設計する場面や既存の職場のレイアウトを変更する場面に参考にされたい．QFDについては，工場で生産している製品と顧客の要求の結び付きを考えることができるため，設計図面に示された寸法の根拠を理解するときに活用されたい．そして市場の要求の変化を予測し，工場の実力値が

今後の仕様に対して十分かどうかなどの検討を行い，今後の需要の変化に対応していくことが QFD の効果的な使い方といえる．

●コラム6　原価企画の考え方

　第6章では，生産現場の設計，設計品質の設定を述べた．本書ではQとDを手段，Cを結果という位置付けで進めてきたが，Cを目標ととらえQとDを目標達成のための手段とすることもできる．原価企画は原価を結果としてとらえるのではなく，事前に意図的に企画するというトヨタ自動車株式会社及びトヨタグループで行われた方法論である．

　次に二つの式を示す．両式とも，式の構造だけを見れば同様であるが，最終的に何を求めるかで違いが顕著に表れてくる．式(6.1)は，新しい製品を製造する際，まずこれまでの経験より原価を見積もり，次に企業として獲得したい利益を上乗せし，最終的に製品の価格を決定している．一方，式(6.2)は，同様に新しい製品を製造する際，まず価格から決定する．すなわち，価格がどの程度であれば市場で受け入れられるかである．ここでの価格を市場競争価格という．それに対して企業として獲得したい利益を差し引き，最終的に原価が設定される．つまり，いくらで製品を開発，設計，製造しなければならないかという許容原価が設定される．このような考え方［式(6.2)］を原価企画と呼ぶ．設計品質の設定同様，市場を意識した原価の造りこみであり，マーケット・インと呼ばれる現在の企業環境に対応したものであるといえる．

$$実際原価＋利益＝販売価格 \quad \cdots\cdots\cdots\cdots\cdots\cdots \quad (6.1)$$
例：250 ＋ 30 ＝ 280

$$目標販売価格－目標利益＝許容原価 \quad \cdots\cdots\cdots\cdots \quad (6.2)$$
例：250 － 30 ＝ 220

　　なお，2式は『管理会計 基礎編』（櫻井通晴著，同文舘出版，2010）を参考にした．

付　　録

付表1. 標準正規分布表

(I) K_P から P を求める表

K_P	*=0	1	2	3	4	5	6	7	8	9
0.0 *	**.5000**	.4960	.4920	.4880	.4840	**.4801**	.4761	.4721	.4681	.4641
0.1 *	**.4602**	.4562	.4522	.4483	.4443	**.4404**	.4364	.4325	.4286	.4247
0.2 *	**.4207**	.4168	.4129	.4090	.4052	**.4013**	.3974	.3936	.3897	.3859
0.3 *	**.3821**	.3783	.3745	.3707	.3669	**.3632**	.3594	.3557	.3520	.3483
0.4 *	**.3446**	.3409	.3372	.3336	.3300	**.3264**	.3228	.3192	.3156	.3121
0.5 *	**.3085**	.3050	.3015	.2981	.2946	**.2912**	.2877	.2843	.2810	.2776
0.6 *	**.2743**	.2709	.2676	.2643	.2611	**.2578**	.2546	.2514	.2483	.2451
0.7 *	**.2420**	.2389	.2358	.2327	.2296	**.2266**	.2236	.2206	.2177	.2148
0.8 *	**.2119**	.2090	.2061	.2033	.2005	**.1977**	.1949	.1922	.1894	.1867
0.9 *	**.1841**	.1814	.1788	.1762	.1736	**.1711**	.1685	.1660	.1635	.1611
1.0 *	**.1587**	.1562	.1539	.1515	.1492	**.1469**	.1446	.1423	.1401	.1379
1.1 *	**.1357**	.1335	.1314	.1292	.1271	**.1251**	.1230	.1210	.1190	.1170
1.2 *	**.1151**	.1131	.1112	.1093	.1075	**.1056**	.1038	.1020	.1003	.0985
1.3 *	**.0968**	.0951	.0934	.0918	.0901	**.0885**	.0869	.0853	.0838	.0823
1.4 *	**.0808**	.0793	.0778	.0764	.0749	**.0735**	.0721	.0708	.0694	.0681
1.5 *	**.0668**	.0655	.0643	.0630	.0618	**.0606**	.0594	.0582	.0571	.0559
1.6 *	**.0548**	.0537	.0526	.0516	.0505	**.0495**	.0485	.0475	.0465	.0455
1.7 *	**.0446**	.0436	.0427	.0418	.0409	**.0401**	.0392	.0384	.0375	.0367
1.8 *	**.0359**	.0351	.0344	.0336	.0329	**.0322**	.0314	.0307	.0301	.0294
1.9 *	**.0287**	.0281	.0274	.0268	.0262	**.0256**	.0250	.0244	.0239	.0233
2.0 *	**.0228**	.0222	.0217	.0212	.0207	**.0202**	.0197	.0192	.0188	.0183
2.1 *	**.0179**	.0174	.0170	.0166	.0162	**.0158**	.0154	.0150	.0146	.0143
2.2 *	**.0139**	.0136	.0132	.0129	.0125	**.0122**	.0119	.0116	.0113	.0110
2.3 *	**.0107**	.0104	.0102	.0099	.0096	**.0094**	.0091	.0089	.0087	.0084
2.4 *	**.0082**	.0080	.0078	.0075	.0073	**.0071**	.0069	.0068	.0066	.0064
2.5 *	**.0062**	.0060	.0059	.0057	.0055	**.0054**	.0052	.0051	.0049	.0048
2.6 *	**.0047**	.0045	.0044	.0043	.0041	**.0040**	.0039	.0038	.0037	.0036
2.7 *	**.0035**	.0034	.0033	.0032	.0031	**.0030**	.0029	.0028	.0027	.0026
2.8 *	**.0026**	.0025	.0024	.0023	.0023	**.0022**	.0021	.0021	.0020	.0019
2.9 *	**.0019**	.0018	.0018	.0017	.0016	**.0016**	.0015	.0015	.0014	.0014
3.0 *	**.0013**	.0013	.0013	.0012	.0012	**.0011**	.0011	.0011	.0010	.0010
3.5	**.2326E-3**									
4.0	**.3167E-4**									
4.5	**.3398E-5**									
5.0	**.2867E-6**									
5.5	**.1899E-7**									

(II) P から K_P を求める表

P	*=0	1	2	3	4	5	6	7	8	9
0.00 *	∞	3.090	2.878	2.748	2.652	**2.576**	2.512	2.457	2.409	2.366
0.0 *	∞	2.326	2.054	1.881	1.751	**1.645**	1.555	1.476	1.405	1.341
0.1 *	**1.282**	1.227	1.175	1.126	1.080	**1.036**	.994	.954	.915	.878
0.2 *	**.842**	.806	.772	.739	.706	**.674**	.643	.613	.583	.553
0.3 *	**.524**	.496	.468	.440	.412	**.385**	.358	.332	.305	.279
0.4 *	**.253**	.228	.202	.176	.151	**.126**	.100	.075	.050	.025

付表 2. *F* 表（5%，1%）

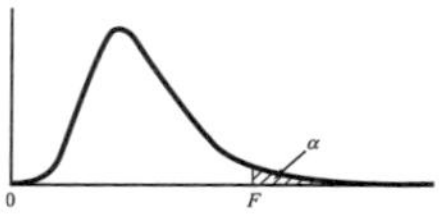

$F(\phi_1, \phi_2 ; \alpha)$　$\alpha=0.05$（細字）　$\alpha=$**0.01**（**太字**）
ϕ_1＝分子の自由度　ϕ_2＝分母の自由度

ϕ_2 \ ϕ_1	1	2	3	4	5	6	7	8	9	10	12	15	20	24	30	40	60	120	∞	ϕ_1 / ϕ_2
1	161.	200.	216.	225.	230.	234.	237.	239.	241.	242.	244.	246.	248.	249.	250.	251.	252.	253.	254.	1
	4052.	**5000.**	**5403.**	**5625.**	**5764.**	**5859.**	**5928.**	**5981.**	**6022.**	**6056.**	**6106.**	**6157.**	**6209.**	**6235.**	**6261.**	**6287.**	**6313.**	**6339.**	**6366.**	
2	18.5	19.0	19.2	19.2	19.3	19.3	19.4	19.4	19.4	19.4	19.4	19.4	19.4	19.5	19.5	19.5	19.5	19.5	19.5	2
	98.5	**99.0**	**99.2**	**99.2**	**99.3**	**99.3**	**99.4**	**99.4**	**99.4**	**99.4**	**99.4**	**99.4**	**99.4**	**99.5**	**99.5**	**99.5**	**99.5**	**99.5**	**99.5**	
3	10.1	9.55	9.28	9.12	9.01	8.94	8.89	8.85	8.81	8.79	8.74	8.70	8.66	8.64	8.62	8.59	8.57	8.55	8.53	3
	34.1	**30.8**	**29.5**	**28.7**	**28.2**	**27.9**	**27.7**	**27.5**	**27.3**	**27.2**	**27.1**	**26.9**	**26.7**	**26.6**	**26.5**	**26.4**	**26.3**	**26.2**	**26.1**	
4	7.71	6.94	6.59	6.39	6.26	6.16	6.09	6.04	6.00	5.96	5.91	5.86	5.80	5.77	5.75	5.72	5.69	5.66	5.63	4
	21.2	**18.0**	**16.7**	**16.0**	**15.5**	**15.2**	**15.0**	**14.8**	**14.7**	**14.5**	**14.4**	**14.2**	**14.0**	**13.9**	**13.8**	**13.7**	**13.7**	**13.6**	**13.5**	
5	6.61	5.79	5.41	5.19	5.05	4.95	4.88	4.82	4.77	4.74	4.68	4.62	4.56	4.53	4.50	4.46	4.43	4.40	4.36	5
	16.3	**13.3**	**12.1**	**11.4**	**11.0**	**10.7**	**10.5**	**10.3**	**10.2**	**10.1**	**9.89**	**9.72**	**9.55**	**9.47**	**9.38**	**9.29**	**9.20**	**9.11**	**9.02**	
6	5.99	5.14	4.76	4.53	4.39	4.28	4.21	4.15	4.10	4.06	4.00	3.94	3.87	3.84	3.81	3.77	3.74	3.70	3.67	6
	13.7	**10.9**	**9.78**	**9.15**	**8.75**	**8.47**	**8.26**	**8.10**	**7.98**	**7.87**	**7.72**	**7.56**	**7.40**	**7.31**	**7.23**	**7.14**	**7.06**	**6.97**	**6.88**	
7	5.59	4.74	4.35	4.12	3.97	3.87	3.79	3.73	3.68	3.64	3.57	3.51	3.44	3.41	3.38	3.34	3.30	3.27	3.23	7
	12.2	**9.55**	**8.45**	**7.85**	**7.46**	**7.19**	**6.99**	**6.84**	**6.72**	**6.62**	**6.47**	**6.31**	**6.16**	**6.07**	**5.99**	**5.91**	**5.82**	**5.74**	**5.65**	
8	5.32	4.46	4.07	3.84	3.69	3.58	3.50	3.44	3.39	3.35	3.28	3.22	3.15	3.12	3.08	3.04	3.01	2.97	2.93	8
	11.3	**8.65**	**7.59**	**7.01**	**6.63**	**6.37**	**6.18**	**6.03**	**5.91**	**5.81**	**5.67**	**5.52**	**5.36**	**5.28**	**5.20**	**5.12**	**5.03**	**4.95**	**4.86**	
9	5.12	4.26	3.86	3.63	3.48	3.37	3.29	3.23	3.18	3.14	3.07	3.01	2.94	2.90	2.86	2.83	2.79	2.75	2.71	9
	10.6	**8.02**	**6.99**	**6.42**	**6.06**	**5.80**	**5.61**	**5.47**	**5.35**	**5.26**	**5.11**	**4.96**	**4.81**	**4.73**	**4.65**	**4.57**	**4.48**	**4.40**	**4.31**	
10	4.96	4.10	3.71	3.48	3.33	3.22	3.14	3.07	3.02	2.98	2.91	2.85	2.77	2.74	2.70	2.66	2.62	2.58	2.54	10
	10.0	**7.56**	**6.55**	**5.99**	**5.64**	**5.39**	**5.20**	**5.06**	**4.94**	**4.85**	**4.71**	**4.56**	**4.41**	**4.33**	**4.25**	**4.17**	**4.08**	**4.00**	**3.91**	
11	4.84	3.98	3.59	3.36	3.20	3.09	3.01	2.95	2.90	2.85	2.79	2.72	2.65	2.61	2.57	2.53	2.49	2.45	2.40	11
	9.65	**7.21**	**6.22**	**5.67**	**5.32**	**5.07**	**4.89**	**4.74**	**4.63**	**4.54**	**4.40**	**4.25**	**4.10**	**4.02**	**3.94**	**3.86**	**3.78**	**3.69**	**3.60**	
12	4.75	3.89	3.49	3.26	3.11	3.00	2.91	2.85	2.80	2.75	2.69	2.62	2.54	2.51	2.47	2.43	2.38	2.34	2.30	12
	9.33	**6.93**	**5.95**	**5.41**	**5.06**	**4.82**	**4.64**	**4.50**	**4.39**	**4.30**	**4.16**	**4.01**	**3.86**	**3.78**	**3.70**	**3.62**	**3.54**	**3.45**	**3.36**	
13	4.67	3.81	3.41	3.18	3.03	2.92	2.83	2.77	2.71	2.67	2.60	2.53	2.46	2.42	2.38	2.34	2.30	2.25	2.21	13
	9.07	**6.70**	**5.74**	**5.21**	**4.86**	**4.62**	**4.44**	**4.30**	**4.19**	**4.10**	**3.96**	**3.82**	**3.66**	**3.59**	**3.51**	**3.43**	**3.34**	**3.25**	**3.17**	
14	4.60	3.74	3.34	3.11	2.96	2.85	2.76	2.70	2.65	2.60	2.53	2.46	2.39	2.35	2.31	2.27	2.22	2.18	2.13	14
	8.86	**6.51**	**5.56**	**5.04**	**4.69**	**4.46**	**4.28**	**4.14**	**4.03**	**3.94**	**3.80**	**3.66**	**3.51**	**3.43**	**3.35**	**3.27**	**3.18**	**3.09**	**3.00**	
15	4.54	3.68	3.29	3.06	2.90	2.79	2.71	2.64	2.59	2.54	2.48	2.40	2.33	2.29	2.25	2.20	2.16	2.11	2.07	15
	8.68	**6.36**	**5.42**	**4.89**	**4.56**	**4.32**	**4.14**	**4.00**	**3.89**	**3.80**	**3.67**	**3.52**	**3.37**	**3.29**	**3.21**	**3.13**	**3.05**	**2.96**	**2.87**	
16	4.49	3.63	3.24	3.01	2.85	2.74	2.66	2.59	2.54	2.49	2.42	2.35	2.28	2.24	2.19	2.15	2.11	2.06	2.01	16
	8.53	**6.23**	**5.29**	**4.77**	**4.44**	**4.20**	**4.03**	**3.89**	**3.78**	**3.69**	**3.55**	**3.41**	**3.26**	**3.18**	**3.10**	**3.02**	**2.93**	**2.84**	**2.75**	
17	4.45	3.59	3.20	2.96	2.81	2.70	2.61	2.55	2.49	2.45	2.38	2.31	2.23	2.19	2.15	2.10	2.06	2.01	1.96	17
	8.40	**6.11**	**5.18**	**4.67**	**4.34**	**4.10**	**3.93**	**3.79**	**3.68**	**3.59**	**3.46**	**3.31**	**3.16**	**3.08**	**3.00**	**2.92**	**2.83**	**2.75**	**2.65**	
18	4.41	3.55	3.16	2.93	2.77	2.66	2.58	2.51	2.46	2.41	2.34	2.27	2.19	2.15	2.11	2.06	2.02	1.97	1.92	18
	8.29	**6.01**	**5.09**	**4.58**	**4.25**	**4.01**	**3.84**	**3.71**	**3.60**	**3.51**	**3.37**	**3.23**	**3.08**	**3.00**	**2.92**	**2.84**	**2.75**	**2.66**	**2.57**	
19	4.38	3.52	3.13	2.90	2.74	2.63	2.54	2.48	2.42	2.38	2.31	2.23	2.16	2.11	2.07	2.03	1.98	1.93	1.88	19
	8.18	**5.93**	**5.01**	**4.50**	**4.17**	**3.94**	**3.77**	**3.63**	**3.52**	**3.43**	**3.30**	**3.15**	**3.00**	**2.92**	**2.84**	**2.76**	**2.67**	**2.58**	**2.49**	
20	4.35	3.49	3.10	2.87	2.71	2.60	2.51	2.45	2.39	2.35	2.28	2.20	2.12	2.08	2.04	1.99	1.95	1.90	1.84	20
	8.10	**5.85**	**4.94**	**4.43**	**4.10**	**3.87**	**3.70**	**3.56**	**3.46**	**3.37**	**3.23**	**3.09**	**2.94**	**2.86**	**2.78**	**2.69**	**2.61**	**2.52**	**2.42**	
21	4.32	3.47	3.07	2.84	2.68	2.57	2.49	2.42	2.37	2.32	2.25	2.18	2.10	2.05	2.01	1.96	1.92	1.87	1.81	21
	8.02	**5.78**	**4.87**	**4.37**	**4.04**	**3.81**	**3.64**	**3.51**	**3.40**	**3.31**	**3.17**	**3.03**	**2.88**	**2.80**	**2.72**	**2.64**	**2.55**	**2.46**	**2.36**	
22	4.30	3.44	3.05	2.82	2.66	2.55	2.46	2.40	2.34	2.30	2.23	2.15	2.07	2.03	1.98	1.94	1.89	1.84	1.78	22
	7.95	**5.72**	**4.82**	**4.31**	**3.99**	**3.76**	**3.59**	**3.45**	**3.35**	**3.26**	**3.12**	**2.98**	**2.83**	**2.75**	**2.67**	**2.58**	**2.50**	**2.40**	**2.31**	
23	4.28	3.42	3.03	2.80	2.64	2.53	2.44	2.37	2.32	2.27	2.20	2.13	2.05	2.01	1.96	1.91	1.86	1.81	1.76	23
	7.88	**5.66**	**4.76**	**4.26**	**3.94**	**3.71**	**3.54**	**3.41**	**3.30**	**3.21**	**3.07**	**2.93**	**2.78**	**2.70**	**2.62**	**2.54**	**2.45**	**2.35**	**2.26**	
24	4.26	3.40	3.01	2.78	2.62	2.51	2.42	2.36	2.30	2.25	2.18	2.11	2.03	1.98	1.94	1.89	1.84	1.79	1.73	24
	7.82	**5.61**	**4.72**	**4.22**	**3.90**	**3.67**	**3.50**	**3.36**	**3.26**	**3.17**	**3.03**	**2.89**	**2.74**	**2.66**	**2.58**	**2.49**	**2.40**	**2.31**	**2.21**	
25	4.24	3.39	2.99	2.76	2.60	2.49	2.40	2.34	2.28	2.24	2.16	2.09	2.01	1.96	1.92	1.87	1.82	1.77	1.71	25
	7.77	**5.57**	**4.68**	**4.18**	**3.85**	**3.63**	**3.46**	**3.32**	**3.22**	**3.13**	**2.99**	**2.85**	**2.70**	**2.62**	**2.54**	**2.45**	**2.36**	**2.27**	**2.17**	
26	4.23	3.37	2.98	2.74	2.59	2.47	2.39	2.32	2.27	2.22	2.15	2.07	1.99	1.95	1.90	1.85	1.80	1.75	1.69	26
	7.72	**5.53**	**4.64**	**4.14**	**3.82**	**3.59**	**3.42**	**3.29**	**3.18**	**3.09**	**2.96**	**2.81**	**2.66**	**2.58**	**2.50**	**2.42**	**2.33**	**2.23**	**2.13**	
27	4.21	3.35	2.96	2.73	2.57	2.46	2.37	2.31	2.25	2.20	2.13	2.06	1.97	1.93	1.88	1.84	1.79	1.73	1.67	27
	7.68	**5.49**	**4.60**	**4.11**	**3.78**	**3.56**	**3.39**	**3.26**	**3.15**	**3.06**	**2.93**	**2.78**	**2.63**	**2.55**	**2.47**	**2.38**	**2.29**	**2.20**	**2.10**	
28	4.20	3.34	2.95	2.71	2.56	2.45	2.36	2.29	2.24	2.19	2.12	2.04	1.96	1.91	1.87	1.82	1.77	1.71	1.65	28
	7.64	**5.45**	**4.57**	**4.07**	**3.75**	**3.53**	**3.36**	**3.23**	**3.12**	**3.03**	**2.90**	**2.75**	**2.60**	**2.52**	**2.44**	**2.35**	**2.26**	**2.17**	**2.06**	
29	4.18	3.33	2.93	2.70	2.55	2.43	2.35	2.28	2.22	2.18	2.10	2.03	1.94	1.90	1.85	1.81	1.75	1.70	1.64	29
	7.60	**5.42**	**4.54**	**4.04**	**3.73**	**3.50**	**3.33**	**3.20**	**3.09**	**3.00**	**2.87**	**2.73**	**2.57**	**2.49**	**2.41**	**2.33**	**2.23**	**2.14**	**2.03**	
30	4.17	3.32	2.92	2.69	2.53	2.42	2.33	2.27	2.21	2.16	2.09	2.01	1.93	1.89	1.84	1.79	1.74	1.68	1.62	30
	7.56	**5.39**	**4.51**	**4.02**	**3.70**	**3.47**	**3.30**	**3.17**	**3.07**	**2.98**	**2.84**	**2.70**	**2.55**	**2.47**	**2.39**	**2.30**	**2.21**	**2.11**	**2.01**	
40	4.08	3.23	2.84	2.61	2.45	2.34	2.25	2.18	2.12	2.08	2.00	1.92	1.84	1.79	1.74	1.69	1.64	1.58	1.51	40
	7.31	**5.18**	**4.31**	**3.83**	**3.51**	**3.29**	**3.12**	**2.99**	**2.89**	**2.80**	**2.66**	**2.52**	**2.37**	**2.29**	**2.20**	**2.11**	**2.02**	**1.92**	**1.80**	
60	4.00	3.15	2.76	2.53	2.37	2.25	2.17	2.10	2.04	1.99	1.92	1.84	1.75	1.70	1.65	1.59	1.53	1.47	1.39	60
	7.08	**4.98**	**4.13**	**3.65**	**3.34**	**3.12**	**2.95**	**2.82**	**2.72**	**2.63**	**2.50**	**2.35**	**2.20**	**2.12**	**2.03**	**1.94**	**1.84**	**1.73**	**1.60**	
120	3.92	3.07	2.68	2.45	2.29	2.18	2.09	2.02	1.96	1.91	1.83	1.75	1.66	1.61	1.55	1.50	1.43	1.35	1.25	120
	6.85	**4.79**	**3.95**	**3.48**	**3.17**	**2.96**	**2.79**	**2.66**	**2.56**	**2.47**	**2.34**	**2.19**	**2.03**	**1.95**	**1.86**	**1.76**	**1.66**	**1.53**	**1.38**	
∞	3.84	3.00	2.60	2.37	2.21	2.10	2.01	1.94	1.88	1.83	1.75	1.67	1.57	1.52	1.46	1.39	1.32	1.22	1.00	∞
	6.63	**4.61**	**3.78**	**3.32**	**3.02**	**2.80**	**2.64**	**2.51**	**2.41**	**2.32**	**2.18**	**2.04**	**1.88**	**1.79**	**1.70**	**1.59**	**1.47**	**1.32**	**1.00**	
ϕ_2 / ϕ_1	1	2	3	4	5	6	7	8	9	10	12	15	20	24	30	40	60	120	∞	ϕ_1 \ ϕ_2

例：$\phi_1=5$, $\phi_2=10$ の $F(\phi_1, \phi_2 ; 0.05)$ の値は，$\phi_1=5$ の列と $\phi_2=10$ の行の交わる点の上段の値（細字）3.33 で与えられる。
注：$\phi>30$ で，表にないFの値を求める場合には，$120/\phi$ を用いる1次補間により求める。

付表3. F 表 (2.5%)

$F(\phi_1, \phi_2; \alpha)$ $\alpha = 0.025$
$\phi_1 =$ 分子の自由度 $\phi_2 =$ 分母の自由度

ϕ_2 \ ϕ_1	1	2	3	4	5	6	7	8	9	10	12	15	20	24	30	40	60	120	∞	ϕ_2
1	648.	800.	864.	900.	922.	937.	948.	957.	963.	969.	977.	985.	993.	997.	1001.	1006.	1010.	1014.	1018.	1
2	38.5	39.0	39.2	39.2	39.3	39.3	39.4	39.4	39.4	39.4	39.4	39.4	39.4	39.5	39.5	39.5	39.5	39.5	39.5	2
3	17.4	16.0	15.4	15.1	14.9	14.7	14.6	14.5	14.5	14.4	14.3	14.3	14.2	14.1	14.1	14.0	14.0	13.9	13.9	3
4	12.2	10.6	9.98	9.60	9.36	9.20	9.07	8.98	8.90	8.84	8.75	8.66	8.56	8.51	8.46	8.41	8.36	8.31	8.26	4
5	10.0	8.43	7.76	7.39	7.15	6.98	6.85	6.76	6.68	6.62	6.52	6.43	6.33	6.28	6.23	6.18	6.12	6.07	6.02	5
6	8.81	7.26	6.60	6.23	5.99	5.82	5.70	5.60	5.52	5.46	5.37	5.27	5.17	5.12	5.07	5.01	4.96	4.90	4.85	6
7	8.07	6.54	5.89	5.52	5.29	5.12	4.99	4.90	4.82	4.76	4.67	4.57	4.47	4.42	4.36	4.31	4.25	4.20	4.14	7
8	7.57	6.06	5.42	5.05	4.82	4.65	4.53	4.43	4.36	4.30	4.20	4.10	4.00	3.95	3.89	3.84	3.78	3.73	3.67	8
9	7.21	5.71	5.08	4.72	4.48	4.32	4.20	4.10	4.03	3.96	3.87	3.77	3.67	3.61	3.56	3.51	3.45	3.39	3.33	9
10	6.94	5.46	4.83	4.47	4.24	4.07	3.95	3.85	3.78	3.72	3.62	3.52	3.42	3.37	3.31	3.26	3.20	3.14	3.08	10
11	6.72	5.26	4.63	4.28	4.04	3.88	3.76	3.66	3.59	3.53	3.43	3.33	3.23	3.17	3.12	3.06	3.00	2.94	2.88	11
12	6.55	5.10	4.47	4.12	3.89	3.73	3.61	3.51	3.44	3.37	3.28	3.18	3.07	3.02	2.96	2.91	2.85	2.79	2.72	12
13	6.41	4.97	4.35	4.00	3.77	3.60	3.48	3.39	3.31	3.25	3.15	3.05	2.95	2.89	2.84	2.78	2.72	2.66	2.60	13
14	6.30	4.86	4.24	3.89	3.66	3.50	3.38	3.29	3.21	3.15	3.05	2.95	2.84	2.79	2.73	2.67	2.61	2.55	2.49	14
15	6.20	4.77	4.15	3.80	3.58	3.41	3.29	3.20	3.12	3.06	2.96	2.86	2.76	2.70	2.64	2.59	2.52	2.46	2.40	15
16	6.12	4.69	4.08	3.73	3.50	3.34	3.22	3.12	3.05	2.99	2.89	2.79	2.68	2.63	2.57	2.51	2.45	2.38	2.32	16
17	6.04	4.62	4.01	3.66	3.44	3.28	3.16	3.06	2.98	2.92	2.82	2.72	2.62	2.56	2.50	2.44	2.38	2.32	2.25	17
18	5.98	4.56	3.95	3.61	3.38	3.22	3.10	3.01	2.93	2.87	2.77	2.67	2.56	2.50	2.44	2.38	2.32	2.26	2.19	18
19	5.92	4.51	3.90	3.56	3.33	3.17	3.05	2.96	2.88	2.82	2.72	2.62	2.51	2.45	2.39	2.33	2.27	2.20	2.13	19
20	5.87	4.46	3.86	3.51	3.29	3.13	3.01	2.91	2.84	2.77	2.68	2.57	2.46	2.41	2.35	2.29	2.22	2.16	2.09	20
21	5.83	4.42	3.82	3.48	3.25	3.09	2.97	2.87	2.80	2.73	2.64	2.53	2.42	2.37	2.31	2.25	2.18	2.11	2.04	21
22	5.79	4.38	3.78	3.44	3.22	3.05	2.93	2.84	2.76	2.70	2.60	2.50	2.39	2.33	2.27	2.21	2.14	2.08	2.00	22
23	5.75	4.35	3.75	3.41	3.18	3.02	2.90	2.81	2.73	2.67	2.57	2.47	2.36	2.30	2.24	2.18	2.11	2.04	1.97	23
24	5.72	4.32	3.72	3.38	3.15	2.99	2.87	2.78	2.70	2.64	2.54	2.44	2.33	2.27	2.21	2.15	2.08	2.01	1.94	24
25	5.69	4.29	3.69	3.35	3.13	2.97	2.85	2.75	2.68	2.61	2.51	2.41	2.30	2.24	2.18	2.12	2.05	1.98	1.91	25
26	5.66	4.27	3.67	3.33	3.10	2.94	2.82	2.73	2.65	2.59	2.49	2.39	2.28	2.22	2.16	2.09	2.03	1.95	1.88	26
27	5.63	4.24	3.65	3.31	3.08	2.92	2.80	2.71	2.63	2.57	2.47	2.36	2.25	2.19	2.13	2.07	2.00	1.93	1.85	27
28	5.61	4.22	3.63	3.29	3.06	2.90	2.78	2.69	2.61	2.55	2.45	2.34	2.23	2.17	2.11	2.05	1.98	1.91	1.83	28
29	5.59	4.20	3.61	3.27	3.04	2.88	2.76	2.67	2.59	2.53	2.43	2.32	2.21	2.15	2.09	2.03	1.96	1.89	1.81	29
30	5.57	4.18	3.59	3.25	3.03	2.87	2.75	2.65	2.57	2.51	2.41	2.31	2.20	2.14	2.07	2.01	1.94	1.87	1.79	30
40	5.42	4.05	3.46	3.13	2.90	2.74	2.62	2.53	2.45	2.39	2.29	2.18	2.07	2.01	1.94	1.88	1.80	1.72	1.64	40
60	5.29	3.93	3.34	3.01	2.79	2.63	2.51	2.41	2.33	2.27	2.17	2.06	1.94	1.88	1.82	1.74	1.67	1.58	1.48	60
120	5.15	3.80	3.23	2.89	2.67	2.52	2.39	2.30	2.22	2.16	2.05	1.94	1.82	1.76	1.69	1.61	1.53	1.43	1.31	120
∞	5.02	3.69	3.12	2.79	2.57	2.41	2.29	2.19	2.11	2.05	1.94	1.83	1.71	1.64	1.57	1.48	1.39	1.27	1.00	∞
ϕ_2 \ ϕ_1	1	2	3	4	5	6	7	8	9	10	12	15	20	24	30	40	60	120	∞	ϕ_1

例: $\phi_1 = 5$, $\phi_2 = 10$ の $F(\phi_1, \phi_2; 0.05)$ の値は, $\phi_1 = 5$ の列と $\phi_2 = 10$ の行の交わる点の値 4.24 で与えられる。

付表 4. F 表 (0.5%)

F 表(0.5%)

$F(\phi_1, \phi_2; \alpha)$ $\alpha=0.005$
ϕ_1=分子の自由度 ϕ_2=分母の自由度

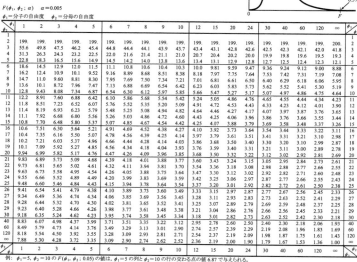

ϕ_1\ϕ_2	1	2	3	4	5	6	7	8	9	10	12	15	20	24	30	40	60	120	∞	
1																				1
2	199.	199.	199.	199.	199.	199.	199.	199.	199.	199.	199.	199.	199.	199.	199.	199.	199.	199.	200.	2
3	55.6	49.8	47.5	46.2	45.4	44.8	44.4	44.1	43.9	43.7	43.4	43.1	42.8	42.6	42.5	42.3	42.1	42.0	41.8	3
4	31.3	26.3	24.3	23.2	22.5	22.0	21.6	21.4	21.1	21.0	20.7	20.4	20.2	20.0	19.9	19.8	19.6	19.5	19.3	4
5	22.8	18.3	16.5	15.6	14.9	14.5	14.2	14.0	13.8	13.6	13.4	13.1	12.9	12.8	12.7	12.5	12.4	12.3	12.1	5
6	18.6	14.5	12.9	12.0	11.5	11.1	10.8	10.6	10.4	10.3	10.0	9.81	9.59	9.47	9.36	9.24	9.12	9.00	8.88	6
7	16.2	12.4	10.9	10.1	9.52	9.16	8.89	8.68	8.51	8.38	8.18	7.97	7.75	7.64	7.53	7.42	7.31	7.19	7.08	7
8	14.7	11.0	9.60	8.81	8.30	7.95	7.69	7.50	7.34	7.21	7.01	6.81	6.61	6.50	6.40	6.29	6.18	6.06	5.95	8
9	13.6	10.1	8.72	7.96	7.47	7.13	6.88	6.69	6.54	6.42	6.23	6.03	5.83	5.73	5.62	5.52	5.41	5.30	5.19	9
10	12.8	9.43	8.08	7.34	6.87	6.54	6.30	6.12	5.97	5.85	5.66	5.47	5.27	5.17	5.07	4.97	4.86	4.75	4.64	10
11	12.2	8.91	7.60	6.88	6.42	6.10	5.86	5.68	5.54	5.42	5.24	5.05	4.86	4.76	4.65	4.55	4.44	4.34	4.23	11
12	11.8	8.51	7.23	6.52	6.07	5.76	5.52	5.35	5.20	5.09	4.91	4.72	4.53	4.43	4.33	4.23	4.12	4.01	3.90	12
13	11.4	8.19	6.93	6.23	5.79	5.48	5.25	5.08	4.94	4.82	4.64	4.46	4.27	4.17	4.07	3.97	3.87	3.76	3.65	13
14	11.1	7.92	6.68	6.00	5.56	5.26	5.03	4.86	4.72	4.60	4.43	4.25	4.06	3.96	3.86	3.76	3.66	3.55	3.44	14
15	10.8	7.70	6.48	5.80	5.37	5.07	4.85	4.67	4.54	4.42	4.25	4.07	3.88	3.79	3.69	3.58	3.48	3.37	3.26	15
16	10.6	7.51	6.30	5.64	5.21	4.91	4.69	4.52	4.38	4.27	4.10	3.92	3.73	3.64	3.54	3.44	3.33	3.22	3.11	16
17	10.4	7.35	6.16	5.50	5.07	4.78	4.56	4.39	4.25	4.14	3.97	3.79	3.61	3.51	3.41	3.31	3.21	3.10	2.98	17
18	10.2	7.21	6.03	5.37	4.96	4.66	4.44	4.28	4.14	4.03	3.86	3.68	3.50	3.40	3.30	3.20	3.10	2.99	2.87	18
19	10.1	7.09	5.92	5.27	4.85	4.56	4.34	4.18	4.04	3.93	3.76	3.59	3.40	3.31	3.21	3.11	3.00	2.89	2.78	19
20	9.94	6.99	5.82	5.17	4.76	4.47	4.26	4.09	3.96	3.85	3.68	3.50	3.32	3.22	3.12	3.02	2.92	2.81	2.69	20
21	9.83	6.89	5.73	5.09	4.68	4.39	4.18	4.01	3.88	3.77	3.60	3.43	3.24	3.15	3.05	2.95	2.84	2.73	2.61	21
22	9.73	6.81	5.65	5.02	4.61	4.32	4.11	3.94	3.81	3.70	3.54	3.36	3.18	3.08	2.98	2.88	2.77	2.66	2.55	22
23	9.63	6.73	5.58	4.95	4.54	4.26	4.05	3.88	3.75	3.64	3.47	3.30	3.12	3.02	2.92	2.82	2.71	2.60	2.48	23
24	9.55	6.66	5.52	4.89	4.49	4.20	3.99	3.83	3.69	3.59	3.42	3.25	3.06	2.97	2.87	2.77	2.66	2.55	2.43	24
25	9.48	6.60	5.46	4.84	4.43	4.15	3.94	3.78	3.64	3.54	3.37	3.20	3.01	2.92	2.82	2.72	2.61	2.50	2.38	25
26	9.41	6.54	5.41	4.79	4.38	4.10	3.89	3.73	3.60	3.49	3.33	3.15	2.97	2.87	2.77	2.67	2.56	2.45	2.33	26
27	9.34	6.49	5.36	4.74	4.34	4.06	3.85	3.69	3.56	3.45	3.28	3.11	2.93	2.83	2.73	2.63	2.52	2.41	2.29	27
28	9.28	6.44	5.32	4.70	4.30	4.02	3.81	3.65	3.52	3.41	3.25	3.07	2.89	2.79	2.69	2.59	2.48	2.37	2.25	28
29	9.23	6.40	5.28	4.66	4.26	3.98	3.77	3.61	3.48	3.38	3.21	3.04	2.86	2.76	2.66	2.56	2.45	2.33	2.21	29
30	9.18	6.35	5.24	4.62	4.23	3.95	3.74	3.58	3.45	3.34	3.18	3.01	2.82	2.73	2.63	2.52	2.42	2.30	2.18	30
40	8.83	6.07	4.98	4.37	3.99	3.71	3.51	3.35	3.22	3.12	2.95	2.78	2.60	2.50	2.40	2.30	2.18	2.06	1.93	40
60	8.49	5.79	4.73	4.14	3.76	3.49	3.29	3.13	3.01	2.90	2.74	2.57	2.39	2.29	2.19	2.08	1.96	1.83	1.69	60
120	8.18	5.54	4.50	3.92	3.55	3.28	3.09	2.93	2.81	2.71	2.54	2.37	2.19	2.09	1.98	1.87	1.75	1.61	1.43	120
∞	7.88	5.30	4.28	3.72	3.35	3.09	2.90	2.74	2.62	2.52	2.36	2.19	2.00	1.90	1.79	1.67	1.53	1.36	1.00	∞
ϕ_2\ϕ_1	1	2	3	4	5	6	7	8	9	10	12	15	20	24	30	40	60	120	∞	

例: $\phi_1=5$, $\phi_2=10$ の $F(\phi_1, \phi_2; 0.05)$ の値は, $\phi_1=5$ の列と $\phi_2=10$ の行の交わる点の値 6.87 で与えられる。

引用・参考文献

第 1 章及び全般
1) フレデリック W. テイラー著，上野陽一訳（1957）："科学的管理法"，産業能率短期大学
2) 日本経営工学会編（1975）："経営工学便覧"，丸善株式会社
3) 日本経営工学会編（1977）："経営工学とは何か"，開発社
4) 並木高矣，遠藤健児（1989）："生産工学用語辞典"，日刊工業新聞社
5) 日本経営工学会編（1994）："経営工学ハンドブック"，丸善株式会社
6) D. クロースン著，今井斉監訳（1995）："科学的管理生成史－アメリカ産業における官僚制の生成と労働過程の変化（1860〜1920 年）"，森山書店
7) 圓川隆夫，安達俊行（1997）："製品開発論"，日科技連出版社
8) 佐々木聡（1998）："科学的管理法の日本的展開"，有斐閣
9) 日本経営工学会編（2002）："生産管理用語辞典"，日本規格協会
10) 天坂格郎，黒須誠治，森田道也（2008）："ものづくり新論－JIT をこえて"，森北出版
11) 圓川隆夫（2009）："オペレーションズ・マネジメントの基礎－現代の経営工学－"，朝倉書店
12) フレデリック W. テイラー著，有賀裕子訳（2009）："新訳 科学的管理法－マネジメントの原点－"，ダイヤモンド社
13) 日本品質管理学会編（2011）："日本品質管理学会規格 品質管理用語"，日本品質管理学会
14) 大藤正，黒河英俊（2014）："知の巡りをよくする手法の連携活用－サービス・製品の価値を高める価値創生プロセスのデザイン－"，日本規格協会
15) 日本経営工学会編（2014）："経営工学の事典"，朝倉書店
16) 日本規格協会編（2014）："JIS ハンドブック品質管理 2014" 日本規格協会

第 2 章及び第 4 章
17) 日本規格協会編（1960）："作業標準の実際"，日本規格協会
18) 山城章，上田輝雄（1960）："工業経営便覧"，日刊工業新聞社
19) 作業測定便覧編集委員会編（1964）："作業測定便覧"，日刊工業新聞社
20) 並木高矣，倉持茂（1970）："作業研究"，日刊工業新聞社
21) 中嶋清一（1971）："設備と工具管理"，日刊工業新聞社
22) 遠藤健児，秋庭雅夫（1971）："運搬管理と包装"，日刊工業新聞社
23) 池永謹一（1971）："現場の IE 手法"，日科技連出版社
24) 藤田彰久（1978）："新版 IE の基礎"，建帛社

25) 千住鎮雄, 川瀬武志, 佐久間章行, 中村善太郎, 矢田博（1980）:"作業研究", 日本規格協会
26) 新郷重夫（1980）:"トヨタ生産方式のIE的考察", 日刊工業新聞社
27) 倉持茂, 早川洋文（1985）:"作業改善の技法", 筑波書房
28) George Kanawaty（1992）: "Introduction to Work Study (fourth edition)", International Labour Office
29) 山崎栄, 武岡一成（2001）:"中小企業診断士試験受験テキスト4－1 運営管理－生産管理", 評言社
30) エリヤフ・ゴールドラット著, 三本木亮訳（2001）:"ザ・ゴール－企業の究極の目的とは何か", ダイヤモンド社
31) 平野裕之（2001）:"平準化と標準作業", 日刊工業新聞社
32) Kjell B.Zandin（2001）: "Maynard's Industrial Engineering Handbook (fifth edition)", McGraw-Hill
33) 田村孝文（2005）:"標準時間", 日本能率協会マネジメントセンター
34) FIE運営委員会（2005）:"IEによる職場改善実践コーステキスト", 日本科学技術連盟
35) 永井一志, 木内正光, 大藤正（2007）:"IE手法入門―サービス業にも役立つ仕事の隠れ技", 日科技連出版社
36) 日本能率協会コンサルティング編（2010）:"工場マネジャー実務ハンドブック", 日本能率協会マネジメントセンター
37) 木内正光（2011-2012）:"シリーズIEの活用①〜④", 日科技連ニュース No.96, 98, 100, 102
38) 木内正光（2012）:"サービス業における業務改善の一考察－稼働分析活用の視点から－", 平成24年度日本経営工学会 春季大会
39) 木内正光（2014）:"生産管理セミナーテキスト 作業のムリ・ムダ・ムラの見つけ方・探し方コース", 日本規格協会

第3章

40) 朝香鐵一, 石川馨, 山口襄（1977）:"品質管理便覧", 日本規格協会
41) 石川馨（1981）:"日本的品質管理, 日科技連出版社
42) 細谷克也（1982）:"QC7つ道具", 日科技連出版社
43) 大滝厚, 千葉力雄, 谷津進（1984）:"新版QC入門講座5 データのまとめ方と活用Ⅰ", 日本規格協会
44) 中村達男（1984）:"管理図の作り方と活用", 日本規格協会
45) 石川馨（1989）:"品質管理入門", 日科技連出版社
46) 谷津進（1991）:"すぐに役立つ実験の計画と解析 基礎編", 日本規格協会
47) 鳥居泰彦（1994）:"はじめての統計学", 日本経済新聞社

48) 吉澤正編（2004）："クォリティマネジメント用語辞典"，日本規格協会
49) 品質管理セミナー入門講座講師グループ編（2008）："品質管理セミナー 入門講座 ストーリーブック（手法編）"，日本規格協会
50) 日本規格協会編（2014）："JIS 品質管理責任者セミナー 品質管理テキスト"，日本規格協会
51) 永田靖（2014）："品質管理と標準化セミナーテキスト 統計的方法の基礎"，日本規格協会
52) 中條武志，永田靖，稲葉太一（2014）："品質管理と標準化セミナーテキスト 実験の計画と解析"，日本規格協会
53) 小高伸久（2014）："品質管理セミナー 入門講座 データのまとめ方と活用Ⅰ"，日本規格協会

第 5 章
54) 並木高矣（1956）："工程管理の実際"，日刊工業新聞社
55) 工程管理便覧編集委員会編（1960）："工程管理便覧"，日刊工業新聞社
56) 吉谷龍一（1962）："日程の計画と管理"，日刊工業新聞社
57) 吉谷龍一（1967）："生産システム設計ハンドブック"，日刊工業新聞社
58) 村松林太郎（1970）："生産管理の基礎"，国元書房
59) 吉谷龍一，中根甚一郎（1977）："MRP システム"，日刊工業新聞社
60) 並木高矣（1984）："生産管理入門"，筑波書房
61) 玉木欽也（1996）："戦略的生産システム"，白桃書房
62) 佐藤和一（2000）："革新的生産スケジューリング入門"，日本能率協会マネジメントセンター
63) 中根甚一郎（2000）："BTO 生産システム"，日刊工業新聞社
64) J. R. Tony Arnold 著，中根甚一郎訳（2001）："生産管理入門"，日刊工業新聞社
65) 本間峰一，葉恒二，北島貴三夫（2004）："生産計画"，日本能率協会マネジメントセンター
66) 松林光男，渡部弘（2004）："工場のしくみ"，日本実業出版社
67) 田中一成，黒須誠治（2004）："生産管理ができる事典"，日本実教出版社
68) 山口文紀（2005）："工場と生産管理"，日本能率協会マネジメントセンター
69) 渡邉一衛，武岡一成（2007）："ビジネスキャリア検定試験標準テキスト 生産管理プランニング 2 級"，中央職業能力開発協会
70) 渡邉一衛，武岡一成（2007）："ビジネスキャリア検定試験標準テキスト 生産管理プランニング 3 級"：中央職業能力開発協会
71) 渡邉一衛，武岡一成（2007）："ビジネスキャリア検定試験標準テキスト 生産管理オペレーション 2 級"，中央職業能力開発協会

72） 渡邉一衛，武岡一成（2007）："ビジネスキャリア検定試験標準テキスト 生産管理オペレーション3級"，中央職業能力開発協会
73） 日本品質管理学会編（2013）："日本品質管理学会規格 日常管理の指針"，日本品質管理学会

第6章

74） 澤潟作雄，中井重行（1957）："工場計画"，丸善
75） リチャード・ミューサー著，十時昌訳（1964）："工場レイアウトの技術"，日本能率協会
76） 池永謹一，秋庭雅夫，師岡孝次（1973）："IE演習問題集"，日科技連出版社
77） 水野滋，赤尾洋二（1978）："品質機能展開 全社的品質管理へのアプローチ"，日科技連出版社
78） 新QC7つ道具研究会編（1984）："やさしい新QC7つ道具"，日科技連出版社
79） 赤尾洋二（1988）："品質展開活用の実際"，日本規格協会
80） 赤尾洋二（1988）："方針管理活用の実際"，日本規格協会
81） 赤尾洋二（1990）："品質展開入門"，日科技連出版社
82） 大藤正，小野道照，赤尾洋二（1990）："品質展開法（1）－品質表の作成と演習－"，日科技連出版社
83） W. K. ハドソン著，日本能率協会IEハンドブック翻訳委員会訳（1994）："メイナード版IEハンドブック"，日本能率協会マネジメントセンター
84） 大藤正，小野道照，赤尾洋二（1994）："品質展開法（2）－技術・信頼性・コストを含めた総合的展開－"，日科技連出版社
85） 大藤正，小野道照，永井一志（1997）："QFDガイドブック 品質機能展開の原理とその応用"，日本規格協会
86） 赤尾洋二，吉澤正，新藤久和（1998）："実践的QFDの活用"，日科技連出版社
87） 吉澤正，大藤正，永井一志（2004）："持続可能な成長のための品質機能展開 JIS Q 9025の有効活用法とその事例"，日本規格協会
88） 小川正樹（2008）："よくわかる「レイアウト改善」の本"，日刊工業新聞社
89） 永井一志，大藤正（2008）："第3世代のQFD－開発プロセスマネジメントの品質機能展開－"，日科技連出版社
90） 日科技連QFD研究部会編（2009）："第3世代のQFD事例集 品質機能展開と管理・改善手法との融合"，日科技連出版社
91） 大藤正（2010）："QFD 企画段階から質保証する具体的な方法"，日本規格協会
92） 品質機能展開セミナー小委員会編（2014）："品質機能展開セミナー早わかり

編テキスト"，日本科学技術連盟
93) 品質機能展開セミナー小委員会編（2014）："品質機能展開セミナー基礎編テキスト"，日本科学技術連盟

コラム
94) G. ナドラー（1966）："ワーク・デザイン"，建帛社
95) 伊藤和憲（1997）："ABC/ABM の導入上の課題－GM のケースを中心として－"，玉川大学工学部紀要
96) 櫻井通晴（1998）："間接費の管理"，中央経済社
97) 門田安弘（1999）："浜田和樹，日本のコストマネジメント"，同文舘出版
98) 松川孝一（2004）："図解 ABC/ABM 第 2 版"，東洋経済新報社
99) ロバート・S・キャプラン，スティーブン・R・アンダーソン（2005）："時間主導型 ABC マネジメント"，ハーバードビジネスレビュー
100) 櫻井通晴（2004）："ABC の基礎とケーススタディ"，東洋経済新報社
101) 藤本隆宏（2007）："もの造り論から見た原価管理"，赤門マネジメントレビュー
102) 櫻井通晴（2010）："管理会計 基礎編"，同文舘出版
103) 松川孝一（2010）："ABC/ABM 実践ガイドブック"，中央経済社
104) ロバート・S・キャプラン，スティーブン・R・アンダーソン著，前田貞芳，久保田敬一，海老原崇訳（2011）："戦略的収益費用マネジメント－新時間主導型 ABC の有効利用"，日本経済新聞出版社

索　引

A
ABC　56
ABM　56

C
CL　87
C_p　89, 90
C_{pk}　89, 90

E
ECRSの原則　26
ERP　158

F
F表の見方　106

I
IE　17, 56
IE技法　17
IE手法　17, 29, 108
　──の目的　41

J
JIS Z 8101　17
JIS Z 8141　17

K
KKD　60

L
LCL　80, 87

M
MRP　150, 158
MRP Ⅱ　158
MRPシステム　150, 152
MRP展開　150
MTM法　115

N
N　92

P
P-Q分析　164
PTS法　115

Q
QC　17
QCD　12
QC工程表　176
QC手法　17, 61, 107, 108
QFD　19, 162, 170, 171, 178

R
R管理図　81

S
SDCA　139

S_L　79
SLP　19, 161, 163, 178
SQC　62, 171
S_U　79

T

TDABC　56
TOC　51

U

UCL　80, 87

V

VCP-Net　15
VOC　171

W

WF法　115

X

$\overline{X}-R$管理図　81

あ

アクティビティ相互関係図　165
アクティビティ相互関係ダイヤグラム　166, 167
後工程　43
あわてものの誤り　82, 83
暗黙知　95

い

石川薫　110
異常原因　80
異常原因によるばらつき　80
異常値　119
一般型　74, 75
移動　47
因子　97
1.33　90

う

内掛法　123, 124, 129
内段取　36
運搬　45
運搬工程分析　45
　——記号　46
　——手順　47
運搬高さ分析　47
運搬分析　135

え

演繹的アプローチ　20

か

解析用管理図　80, 84
　——から管理用管理図への移行　86
　——作成手順　86
改善　15, 26
　——の着眼点　32
確率分布　68
下限規格　79
加工期間　147
加工マーク　41
活動基準管理　56
活動基準原価計算　56
稼働分析　114, 123, 135, 136

―――結果　134
稼働率　134
下方管理限界線　80, 87
緩衝　141, 148
観測回数　128
　―――の目安　127
観測結果　129
観測項目の設定　126
観測用紙　130
管理　157
管理限界線　80, 83, 84
管理状態　80, 81
管理図　61, 80, 107
　―――の種類　81
　―――の見方　82
管理用管理図　80, 84
管理余裕　122

き

機械　28
　―――の動き　35
基準日程　147
　―――における余裕期間　147
基準日程の構成　147
既定時間標準法　115
帰納的アプローチ　20
機能別レイアウト　164, 165
基本統計量　71
　―――計算手順　73
キャパシティ計画　152
キャパシティコントロール　152
業務機能展開　170
許容原価　180

偶然原因　80
　―――によるばらつき　80
区間の始め　78
区間の幅　77
グローバル　11
群　81
群間　81
　―――変動　81
群内　81
　―――変動　81

け

経営　158
経営活動の観点　159
経営計画　159
経営工学　17
計画期間　142
計画サイクル　142
計画単位　142
計画の構成要素　143
計画レベル　146
計数値　61, 81
　―――データ　61
継続法　117
計量値　61, 81
　―――データ　61
原因追究のQC手法　108
原価　12
原価企画　180
言語データ　61
顕在的運搬　47

原始データ変換シート　172, 173
現状把握　15, 55
現状を把握する　15
現品管理　141, 150

こ

交互作用なしの L_8 直交配列実験　97
工場計画　158
工数　144
　——計画　141, 144, 145, 149, 157
　——の単位　144
構想図の表現　174
工程　23, 121
工程分析　121
工程状態の判断基準　91
工程図記号　42
工程能力指数　89, 90, 108
　——計算手順　90
顧客　139
　——の製品に対する声　171
固定位置レイアウト　165
5W1H　64

さ

サーブリッグ単位　121
サーブリッグ分析　30, 135
　——手順　33
在庫情報　150
作業　23, 25
作業スピード　51
作業余裕　122
作業を分割するポイント　116
サンプリング　71
　——の留意点　71
サンプル　70
　——をとる　70

し

時間研究　114, 115, 116, 119, 121, 135
時間主導型 ABC　56
資材計画の目的　147
資材所要量計画　150
事実に基づく管理　60
市場競争価格　180
実験計画法　61, 97, 108
　——手順　103
実験結果の意味　102
実験結果の見方　100
実際の作業　15
習熟　51, 117
修正事項　168
従属需要品目　152
重点管理　65
重要度の変換　176
主体作業時間　114
需要　143
瞬間観測法　113, 114, 123, 126
　——手順　131
準備段取作業時間　114
上限規格　79
少種多量型　164
小日程計画　142, 144
上方管理限界線　80, 87
正味時間　113, 114, 135
職場配置　163

職場余裕　122
人的余裕　122
進度　150
親和図　172

す

推測　82
数値データ　61
ストップウォッチ　117
　——法　113, 114, 115
　——法手順　120
ストラクチャ型　150
　——部品表　151
スペース相互関係ダイヤグラム　167, 168

せ

正規分布　74
　——の性質　92
生産管理　135, 139, 140, 156
　——の位置付け　140
　——の基本機能　141
　——用語　17
生産計画　140, 142
生産現場　13
　——の現状把握　16
　——の強さ　12
生産性　24
生産統制　140, 141, 142, 150, 157
生産方式　24, 49, 55
整数倍　77
製造品質　170, 171
製造リードタイム　139

製品工程分析　41, 43, 135
　——手順　44
　——の結果　44
製品別レイアウト　164, 165
制約条件の理論　51
設計的アプローチ　20
設計品質　170, 171
　——設定の方法論　170
折衷型　164
絶壁型　75
潜在的運搬　47
線引き　26

そ

相互関係図表　165, 166
測定単位　77
測定のきざみ　77
測定ポイント　117
外掛法　124, 129
外段取　36

た

第一類　30, 33
第二類　30, 32
第三類　30, 32
第1種の誤り　82, 83
体系的レイアウト計画法　162
対象作業者及び機械に対する観測項目　132
第2種の誤り　82, 83
大日程計画　142, 144
タイムバケット　152, 155, 156, 157
多種少量型　164

単位作業　121
断層型　164
段取　36

ち

チェックシート　61, 63
中心線　84, 87
中心値　78
中心的傾向　72
中日程計画　142
調達リードタイム　140

つ

作り方　24

て

データ　60
データ収集　63
　——の方法　107
データの種類　60
できばえの品質　170, 171
徹底した生産現場の現状把握　13
点の並び方のくせ　83
点の並び方の判定ルール　84

と

統計学　68
　——の基礎　72
統計的アプローチ　61
統計的品質管理　18, 62
動作経済の原則　26
動作研究　121, 135
動素　121

特性　95
特性値　95
特性要因図　61, 95, 108, 110
　——作成手順　96
独立需要と従属需要の関係　152
独立需要品目　152
度数分布表　77
取扱い　47
取置き　51, 52

な

流れ作業　49

に

二元表　174, 175
日程計画　140, 149, 157

ね

ねらいの品質　170, 171

の

能力工数　145, 156

は

把握　15
把握方法　24
バックワード法　151
バッファー　141, 142, 148, 149
　——の種類と内容　148
離れ小島型　75
早戻法　117
ばらつき　81, 108
　——の傾向　72

──を小さくする　77
パレート図　61, 65
　　──作成手順　66
範囲　72, 73
判定ルール　85
80-20の法則　65

ひ

ヒストグラム　61, 74, 107
　　──作成手順　77
　　──の目的　74
人　23, 26
人・機械図　39
人・機械分析　35
　　──図表　36, 37
　　──手順　37
人の動き　35, 55
一人生産方式　51
　　──の供給　53
標準　15, 16
標準化　92
標準原価　137
　　──計算　137
標準作業　135
標準時間　113, 114, 131, 134, 135,
　　139, 148, 157
　　──資料法　121
　　──の影響　149
　　──の構成　113, 124
標準正規分布　92
　　──表の見方　94
標準値　84
標準直接労務の設定　137

標準の活用　16
標準偏差　72, 74, 90, 119
疲労余裕　122
品質管理　17, 59, 107
　　──の領域　59
　　──用語　17
品質機能展開　162, 170
　　──構想図　176, 177, 178
品質展開　170, 171
品質特性　95, 173
品質は工程で造りこむ　60
品質表　171, 174

ふ

負荷工数　145, 155
負荷と能力の関係　146
二つのリスク　82
二山型　75
不適合位置チェックシート　64
不適合項目別チェックシート　63
不適合品の発生確率　91, 108
不適合品発生確率計算手順　93
部品表　150
プライオリティ計画　152
プライオリティコントロール　152
分散　72, 74
分散比　105
分散分析　101
　　──結果　103
分析単位　57
分析的アプローチ　20
分布　68

へ

平均　72
平均値　73
平方和　72, 73
偏差　73

ほ

方法研究　18
母集団　70
補助記号　42
ボトルネック　51
ぼんやりものの誤り　82, 83

め

メディアン　72, 73

も

物　23
　——の運搬　47
　——の取扱い　45
　——の流れ　40, 55

ゆ

有意　106

よ

要求品質　172
　——展開表　172, 174
要素作業　121
用達余裕　122
予測　143
予備観測　131

予備調査　125
余裕　122, 123
　——時間　113, 114, 135
　——の構成　122
　——の種類　122
余裕率　128, 135
　——の計算手順　124
余力　150
　——管理　141
4M　110

ら

ライン生産方式　49
　——の供給　52
ライン生産を行う場合の基礎知識　50
ラインバランシング　50
ランダムサンプリング　71

り

離散量　61
リスク　82

る

累積数　66
累積比率　66

れ

レイアウト　164
レイティング　115, 120
連合作業分析　30
連続観測法　123
連続量　61

連動性　12, 16
　——強化　13
　——の強化　161

わ

ワーク・デザイン　20

著者略歴

木内　正光（きうち　まさみつ）

現在，玉川大学経営学部国際経営学科准教授
2003 年，玉川大学大学院工学研究科生産開発工学専攻博士課程後期修了．博士（工学）
2004 年，城西大学経営学部助手，2007 年に同助教，2011 年に同准教授を経て，2019 年より現職
日本マンパワー中小企業診断士登録養成課程生産マネジメント実習，日本規格協会"品質管理と標準化セミナー改善問題研究"及び"日本科学技術連盟"ベーシックコース班別研究会"にて指導講師を歴任．日本規格協会生産管理セミナー，日本科学技術連盟 IE による職場改善実践コース運営委員
日本経営工学会，日本生産管理学会，日本品質管理学会，日本管理会計学会　会員

主な著書：
"生産管理ができる事典"（共著），日本実業出版，2004
"IE 手法入門―サービス業にも役立つ仕事の隠れ技"（共著），日科技連出版社，2007
など

生産現場構築のための生産管理と品質管理
中小企業の生産現場を記号とデータで考える

定価：本体 2,000 円（税別）

2015 年 3 月10日　　第 1 版第 1 刷発行
2021 年 8 月24日　　　　　　第 4 刷発行

著　者　木内　正光
発行者　朝日　弘
発行所　一般財団法人　日本規格協会
　　　　〒108-0073　東京都港区三田 3 丁目 13-12　三田 MT ビル
　　　　https://www.jsa.or.jp/
　　　　振替　00160-2-195146
製　作　日本規格協会ソリューションズ株式会社
製作協力・印刷　日本ハイコム株式会社

© Masamitsu Kiuchi, 2015　　　　　　　　Printed in Japan
ISBN978-4-542-50185-0

●当会発行図書，海外規格のお求めは，下記をご利用ください．
　JSA Webdesk（オンライン注文）：https://webdesk.jsa.or.jp/
　電話：050-1742-6256　E-mail：csd@jsa.or.jp

☆生産管理 関連書籍のご案内☆

生産管理用語辞典

公益社団法人日本経営工学会編
定価 3,960 円（本体 3,600 円＋税 10%）
A5 判・530 ページ

★中小企業診断士必携！脅威のロングセラー！

【概　要】
　従来の生産管理が取り上げている用語を超えた，会計学，原価計算，マーケティング，OR，IT 等と連動する広範囲な生産管理関連用語（1600 余語）が網羅されています．

おはなし科学・技術シリーズ

おはなし生産管理

野口博司著
定価 1,430 円（本体 1,300 円＋税 10%）
B6 判・190 ページ

★初学者・営業マンのための最適な入門書！

【概　要】
　環境とグローバル化への対応が生産システムに求められている現在，企業が何を必要としているのかを再考し，現代の動向に合った判断・行動するために役立つ広範な分野とその基礎となる管理技術が丁寧に記述されています．

【主要目次】
1. 新生産管理
   1.1 従来の生産管理から新しい生産管理へ
   1.2 本書の構成について　他
2. 生産システム
   2.1 生産システムの生い立ち
   2.2 MRP とは　他
3. 生産計画
   3.1 製品開発／3.2 生産方式　他
4. 生産統制
   4.1 生産の統制／4.2 生産統制の方法
5. 作業管理
   5.1 作業管理
   5.2 作業研究の手法　他
6. DR 運用の一つのモデル例
   6.1 設備管理／6.2 保全　他
7. 資材管理
   7.1 資材計画とその管理
   7.2 原価計画とその管理　他
8. 品質管理
   8.1 総合的品質管理
   8.2 QC 七つ道具と新 QC 七つ道具　他